静下心来
找回自己

于晓 编著

煤炭工业出版社
·北京·

图书在版编目（CIP）数据

静下心来，找回自己 / 于晓编著. ——北京：煤炭工业
出版社，2019（2021.5 重印）

ISBN 978 - 7 - 5020- 7341 - 1

Ⅰ.①静… Ⅱ.①于… Ⅲ.①成功心理—通俗读物

Ⅳ.①B848.4 - 49

中国版本图书馆CIP数据核字（2019）第 054831 号

静下心来，找回自己

编　　著	于　晓	
责任编辑	马明仁	
编　　辑	郭浩亮	
封面设计	浩　天	

出版发行　煤炭工业出版社（北京市朝阳区芍药居35号　100029）
电　　话　010-84657898（总编室）　010-84657880（读者服务部）
网　　址　www.cciph.com.cn
印　　刷　三河市京兰印务有限公司
经　　销　全国新华书店

开　　本　880mm×1230mm¹/₃₂　印张　7¹/₂　字数　150千字
版　　次　2019年7月第1版　2021年5月第2次印刷
社内编号　20180631　　　　　定价　38.80元

前　言

　　一个人最大的敌人就是自己。其实谁也没有把你打倒，能打倒你的只有你自己。所以，在任何情况下，即使是身处逆境也不要放弃自己的信念。要相信自己有战胜困难的力量，只有这样，你才能最终超越自我，实现人生的辉煌。

　　人生在世，谁都可能经历一些苦难，苦难并不可怕。勇敢地面对现实，对待苦难持一个客观的态度，以百折不挠的精神去战胜苦难，是成功人士不可缺少的素质。

　　生活对于任何一个人来说都不是一帆风顺的，面对挫折，我们要有勇气接受并且战胜它。如果你还在为自己的怯懦找借口，你就会一点点地丧失信心，最后只能接受失败的现实。当你做一件事情的时候，当你面对困难的时候，一定要全力以赴

地去完成它，战胜它。当你经过自己的努力走过这段坎坷的道路时，你就会发觉自己是多么伟大，你的意志也将越来越坚强。

每个人都有经历失败打击和生活磨难而痛苦的时候，关键在于你怎样去面对。是逃避，还是面对？是倒下，还是更坚强地站起来？倒下了，也许你就再也不能起来；站起来了，你会站得更高，走得更远。

任何一种成功都不是唾手可得的，赢取成功是需要付出巨大的代价的。其中失败给人内心带来的打击无疑是最大的，但这又是每个想要赢取成功的人都必须承受的。所以，学会自励，能在失败与挫折中磨炼出一颗坚强的心，是每个渴望成功的人必备的要素。

阅读此书，可以帮你增强抵抗挫折的能力，从挫折中站起来。愿每位读者都能在竞争激烈的市场中站稳脚跟，在与困难与挫折的战斗中赢取最后的胜利！

目　录

|第二章|

不要看轻了自己

|第三章|

在挫折和失败中奋起

|第四章|

超越自我

|第五章|

不要迷失自我

|第六章|

绝不轻言放弃

第一章

未来之路

自立

马斯洛认为，一个完全健康的人的特征之一就是：充分的自主性和独立性。但有的人遇事首先想到别人，追随别人，求助别人，人云亦云、亦步亦趋。没有自恃之心，不敢相信自己，不敢自行主张，不能自己决断。

生活中存在着这样一些人，因为他们身上有某种缺陷，以为自己缺乏能力，就对社会或是旁人产生依赖心理。殊不知，不是你的缺陷耽误了你，而是你的依赖心理耽误了自己。

戏剧演员戴维·布瑞纳出身于一个贫穷但很和睦的家庭。在中学毕业时，他得到了一份难忘的礼物。

"我的很多同学得到了新衣服，有的富家子弟甚至得到了名贵的轿车。"他回忆说，当我跑回家，问父亲我能得到什么礼物时，父亲的手伸到上衣口袋，取出了一样东西，轻轻地放在了我的手上，我得到了一枚硬币！

父亲对我说："别人送给你的任何东西都是有限的，只有你自己才能赚下一个无限的世界。用这枚硬币买一张报纸，一字不漏地读一遍，然后翻到分类广告栏，自己找一个工作。到这个世界去闯一闯，它现在已经属于你了。"

"我一直以为这是父亲同我开的一个天大的玩笑。几年后，我去部队服役，当我坐在散兵坑道认真回首我的家庭和我的生活时，我才认识到父亲给了我一种什么样的礼物。我的那些朋友们得到的只不过是轿车和新衣服，但是父亲给予我的却是整个世界。这是我得到的最好的礼物。"

无论别人给你再怎么好的礼物，你所得到的东西都是有限的，只有你自己才能赚下一个无限的世界。我们做任何事情都不要指望别人帮助，更不要把希望寄托在别人身上。雨果说："我宁愿靠自己的力量打开我的前途，而不愿求有力者的垂青。"一味地依赖别人，只会使自己变得软弱，最终

将一事无成。

　　一个做事总是喜欢依赖别人的人是一个可怜而孤独的人。他常常会四处碰壁，不被信任，不受欢迎，甚至会遭人鄙视，而这一切都是依赖所导致的恶果。依赖性强的人就好比是依靠拐杖走路的不健康的人。

　　不能独立办成任何事情，便无从谈起操纵和把握自己的命运，命运之钥只能被别人操纵。这样的人，倘若有利用的价值，人家便会利用他。如果他的利用价值消失了，或者已经被别人利用过了，人家就会把他抛开，让他靠边站。只因为他太软弱无能，只因为他的心目中只能相信别人，不敢相信自己，更不敢自信胜过他人。倘若如此般度过一生，实在是枉活一生，太遗憾、太悲哀了。

　　依赖别人，意味着放弃对自我的主宰，这样往往不能形成自己独立的人格。如果在遇到问题的时候自己不愿动脑筋，人云亦云，或者盲目地从众，那么一个人就失去了自我，失去了本应该属于自己的一次撑起一片天的机会。

　　那成功的希望寄托在别人身上，永远都不可能取得成功，想要依靠别人来获取成功是不现实的。

　　苏联"火箭之父"齐奥尔科夫斯基10岁时，染上了猩红

热，持续几天高烧，引起严重的并发症，使他几乎完全丧失了听觉，成了半聋。他默默地承受着孩子们的讥笑和无法继续上学的痛苦。

齐奥尔科夫斯基的父亲是个守林员，整天到处奔走。因此教他写字读书的担子就落到了妈妈的身上。通过妈妈耐心细致地讲解和循循善诱地辅导，他进步得很快。可是当他正在充满信心地学习时，母亲却患病去世了，这突如其来的打击，使他陷入极大的痛苦。他不明白，生活的道路为什么这么难，为什么不幸总是发生在自己的身上？他今后该怎么办？父亲摸着他的头说："孩子！要有志气，靠自己的努力走下去。"

是啊！学校不收、别人嘲弄，今后只有靠自己了！年幼的齐奥尔科夫斯基从此开始了真正的自学道路。他从小学课本、中学课本一直读到大学课本，自学了物理、化学、微积分、解析几何等课程。这样，一个耳聋的人，一个没有受过任何教授指导的人，一个从未进过中学和高等学府的人，由于始终如一的勤奋学习、刻苦钻研，终于使自己成了一个学

识渊博的科学家，为火箭技术和星际航行奠定了理论基础。

为了教育一个名叫詹斯顿的异姓兄弟，美国总统林肯给他写了这样一封信：

亲爱的詹斯顿：

我想我现在不能答应你借钱的要求。每当我给你一点帮助，你就会对我说，"现在我们可以很好地相处了。"但是不久之后，我发现你又没有钱用了。你之所以会这样，是因为在行动上有缺点。至于这个缺点是什么，我想你是知道的。你不懒惰，但你却游手好闲，总是指望别人的帮助过日子。我怀疑自从上次我们见面后，你没有好好地劳动过一天。我知道，你并不是讨厌劳动，但你不肯多做。这仅仅是因为你感到在劳动中得不到什么东西。

这种无所事事虚度光阴的习惯正是你的症结之所在。这对你是不利的，对你的孩子也有着很大的伤害。你必须改掉这个坏习惯。以后他们还有更长的路要走，养成了好习惯对他们有很大的帮助。他们从一开始就学会勤劳，这要比他们从懒惰中改正过来容易得多。此刻，你的生活需要钱，我的建议是，你应该自己去劳动，全力以赴地劳动而换取报酬。

你家里的事情有你的父亲和孩子们来照管，比如备种、耕作。你去做事，尽全力多赚钱，或者还清你的欠债。为了让你的劳动有一个合理的报酬，我决定从今天起到明年5月1日，你用你自己的劳动赚1元钱或抵消1元钱的债务，我愿意额外给你1元钱。这样，要是你每个月能赚10元钱，还可以从我这里再得到10元钱，那么你做工一个月就赚20元钱了。你可以知道，我并非要你去圣·路易斯或加利福尼亚的锡矿或金矿厂去干活儿，我是要你就在家乡卡斯镇附近找一份待遇优厚的工作。

如果你愿意找事情做，不用多久你就可以还清债务，而且还会养成一个不欠款的好习惯，这样岂不是很好？反之，假如我现在帮你还清债务，明年你一定还会背上一大笔债。你说你会为七八十元钱而放弃你在天堂里的位置，那么天堂里的位置也被你看得太不值钱了。我相信，如果你同意我的想法，工作四五周就可以拿到七八十元。你说要是我借给你，你就会将田地押给我，如果还不了钱，就把土地所有权让给我，这简直就是在胡闹！现在有土地你都很难生活，没

有了土地你该怎么活呢？你对我一直很好，我也并不想刻薄地对你。反之，如果你接受我的劝告，你会发现这对你比10个80元珍贵。

林肯先生之所以给詹斯顿写这封信就是想让他振作起来，不要再依赖别人生活，只有靠自己才能过上真正的好日子。

英国历史学家弗劳德说："一棵树如果要结出果实，必须先在土壤里扎根。同样，一个人首先需要学会依靠自己、尊重自己，不接受他们的施舍，不等待命运的馈赠。只有在这样的基础上，才可能做出成就。"想要依靠别人来取得成功是不现实的，那只能使你在变得软弱的同时，前途一片灰暗。路再远，再荆棘载途，只要自己去走，勇敢地去披荆斩棘，就一定能走到目的地。挫折的发生，必将带来人们信心的或大或小的打击，从而使人或自弃，或自轻，或自疑，因此便会产生依赖的心理。只有真正的自强自立者，才能从打击的阴影中走出来，重新恢复自己的信心，凭借自己的力量开出一片天地。

依赖心理是阻止成功的绊脚石

　　比尔·盖茨说："依赖的习惯，是阻止人们走向成功的一个个绊脚石，要想成大事你必须要把它们一个个踢开。只有靠自己取得成功，才是真正的成功。"

　　面对这个竞争而纷乱的年代，我们要有积极的人生观，发挥最大的潜能，将自己带上高峰，虽死无悔、虽败犹荣。而在整个奋斗的过程中，最大的敌人不是外面的，而是自己。尤其是对那些过去曾受尽呵护，而必须独立面对未来的年轻人，他们必须战胜自己的依赖心理。这种毛病若不革除，不但会影响到事业发展，对各个方面的独立性都会产生

很大的负面影响。

　　一名学习成绩非常优秀的学生毕业后获得了去美国工作的机会，但由于她在家的时候，在生活方面过于依赖父母，所以，到美国没多久便因为无法打理自己的生活，放弃了这次良好的机会。

　　在生活中，类似的事情多有发生，我们经常会看到一些人因为之前过于依赖别人，当离开别人的帮助后，便无法正常的生活、工作。无论做任何事情，依赖他人是难以取得真正的成功的，也许有一部分人靠别人的帮助获取了一定的成就，但他总有失去帮助的那一天，到那时他就会发现，依靠别人盖起的高楼就如没有地基一样，一次小小的颠簸就会将其毁灭。依靠别人的帮助，永远无法真正实现自己的梦想，通过别人帮助获取来的东西只能是暂时的，只有通过自己努力收获的东西才是永久的，稳固的。

　　一个男孩的父亲从小就非常注重培养他的精神状态和独立性。一次父亲赶着马车带着儿子出去玩。由于马车的速度太快，男孩在马车拐弯的时候被甩了出去。马车停住了，男孩以为父亲会过来把他扶起来，可父亲并没有那样做，看到

男孩迟迟不肯起来，他坐在车上悠闲地吸起烟来。

男孩叫道："爸爸，快来帮助我。"

"你摔得很严重吗？"

"是的，我已经站不起来了。"男孩眼泪汪汪地看着父亲说。

"那你也要坚持站起来，重新爬上马车。"

男孩挣扎着站了起来，摇晃着走向马车，接着很艰难地爬上了马车。

父亲摇着手中的鞭子问："你知道为什么让你自己站起来吗？"

男孩摇了摇头。

父亲说："人生就是如此，跌倒、爬起来、奔跑，再跌倒、再爬起来、再奔跑。任何时候都要依靠自己，没有人去扶你的。"

从那一天起，父亲更加重视对儿子的培养，时常带着儿子去参加一些大型的社交活动，教他如何向别人打招呼、道别，怎样坚定自己的信仰等。人们问他："你每天都有很多

事情要做，怎么还要抽出那么多时间来教你的孩子呢？"

这位父亲的回答让所有人都大吃一惊："我是在训练他做总统。"

后来，这个孩子真的成了美国的总统，他就是约翰·肯尼迪。

人的一生注定会充满坎坷，尤其对于一个渴望成功的人而言，其苦难会更多。要想战胜这些困难，唯一的办法就是让自己变得坚强、独立，用自己的力量去面对一切困难，只有这样才能在困难中磨炼出更加强大的你，最终赢得真正属于自己的成功。

有一天，龙虾与寄居蟹在深海中相遇，寄居蟹看见龙虾正在把坚硬的外壳脱掉，露出娇嫩的身躯。寄居蟹非常紧张地说："龙虾，你怎么可能把唯一保护自己身躯的硬壳放弃呢？难道你不怕大鱼一口把你吃掉吗？以现在的情况来看，连急流也会把你冲到岩石上去，到时候你不被撞个粉碎才怪呢！"

龙虾气定神闲地回答说："谢谢你的关心，但你不了解，我们龙虾每次成长，都必须要把坚硬的外壳脱掉，这样才能生长出更加坚硬的外壳，现在面对危险，只是为将来发

展得更好而做准备。"

寄居蟹细心思想一下，自己整天只找可以避居的地方，而没有想过如何让自己成长得更强壮，整天只活在别人的保护之下，难怪限制了自己的发展。

其实，一直靠别人的帮助而前进，只会使自己越来越软弱，试试自立起来，自己走走吧。你想跨越自己目前的成就，请不要划地限制，勇于接受挑战充实自我，你一定会发展得比你想象的更好。

自力更生

依赖他人，总是以为很多事都有人为我们做而自己不去努力，正是这种想法使我们滋生了依赖的心理。

在我们身边总是有些人在四顾等待，但是他们并不知道等的是什么。只是冥冥中希望家人、朋友能给予金钱上的帮助，或者等那个被称为"发迹""运气"的东西来帮他们一把。

要知道，等着别人的金钱与帮助，等着好运降临在自己身上的人是成不了大事的。只有自尊、自强、自立的人才能走进成功的大门。

陶行知说："滴自己的汗，吃自己的饭。自己的事情自

己干，靠人靠天靠祖上，不算是好汉。"布迪曼也曾这样说道："最本质的人生价值就是人的独立性。"一个人只有学会自立才有可能成功，否则永远都是一个长不大的孩子。学会自立，可以让我们更有信心，也可以让我们活得更有尊严。凡是成大事的人，没有一个不是依靠自己的力量。或许他们有显赫的家世，或许他们有雄厚的资本，但这只能说明他们比别人的条件好，要想到达成功的巅峰，必须依靠自己。

富兰克林是美国著名的科学家，他小时候家境十分贫寒，在他12岁的时候就到哥哥开的小印刷厂去做学徒。他特别爱学习，就连排字也成了他学习的机会。后来，他认识了几个在书店当学徒的小伙计，便经常通过他们借些书看。他天生聪颖，随着阅读量的增加，渐渐地能写一些东西了。

在他15岁的时候，哥哥创办了一份叫《新英格兰新闻》的报纸，上面经常刊登一些文学小品，非常受读者欢迎。小富兰克林也想一试身手，于是他便用化名写了一些文章，然后趁无人之时放在印刷厂的门口。第二天哥哥来了发现之后，便请人点评，他们一致认为是极好的文章，有的甚至怀疑这是出自名家之笔。从那之后，富兰克林的文章便经常见

诸报端，但一直没有人知道这些文章的真实作者是谁。有一天，哥哥为了弄清真相，便趁夜深人静之时偷偷地藏在印刷厂的门口，他做梦也没有想到，这位名家居然就是自己的小弟弟。

大仲马和小仲马是法国文坛上的两棵奇葩，小仲马的《茶花女》发表之后，有些评论家认为这部作品的价值远远超过了大仲马的代表作《基督山伯爵》。

当时的大仲马已是一个家喻户晓的人物，在法国文坛上具有很高的地位。有一天，他得知小仲马寄出的稿子多次被出版社退回，便对他说："下次你寄稿时，随稿附给编辑一封信，只要告诉他们你是我的儿子，情况就会好多了。"但小仲马很倔强，他没有听从父亲的话，他认为应该依靠自己的力量。为了避免别人猜到他就是大名鼎鼎的大仲马的儿子，他还给自己起了十多个其他姓氏的笔名。

他的稿件一次次地被退回，但他没有灰心，仍然执着地追逐着自己的文学梦。后来，他的长篇小说《茶花女》寄出后，终于以其巧妙的构思和精彩的文笔得到了一位资深编辑的青睐。这位编辑与大仲马有过多年的书信来往，当他发现

作者与大仲马的地址一模一样时，开始还以为这是大仲马另取的笔名，但他很快就发现这部小说的风格与大仲马的完全不同。于是他怀着极大的好奇心，乘车来到了信中所写的地址。当他得知原来书稿的作者就是大仲马的儿子小仲马时，便问他为何不用真名？小仲马回答说："我只想拥有真实的知名度。"这位编辑对小仲马的这种做法赞叹不已，而小仲马也凭自己的实力登上了法国文坛的最高峰。

越是优秀的人，越懂得自食其力的重要性，否则，他们也不会被称为"伟人"了。

生活中，大多数的人却喜欢怨天尤人，自己没有成功，不是怪自己不努力，而是说自己命运不好。而别人成功呢则是上天对他的厚爱。其实，命运是掌握在自己手中的，又有什么必要去怨天尤人呢？

有一个读书人，非常苦闷，便来到寺庙向一位高僧诉苦。他告诉高僧自己总是背运，几次考试都名落孙山，家里仅有的一点儿财产也被小偷偷去，而父母也因病离他而去，如今，孤孤单单只剩一个人，感叹自己命运不济，恨苍天对他不公。

　　高僧微笑："把手拿过来，我替你看一看手相。"读书人很听话地把手伸了过去。老和尚拿着他的手像模像样地给他分析起来。读书人聚精会神地听着，说完之后，老和尚让读书人把手合起来，而且越合越紧。

　　"那三条线现在在哪里？"老和尚突然问。

　　"我手里呀！"读书人机械地回答着。

　　"那命运呢？"读书人惊讶地张大了嘴巴，恍然大悟。

　　命运在我们自己手中，所以我们更应该学会自立。否则，只会任人摆布。

　　人，首先要学会自立，只有学会自立，才能活出人的尊严。经常看到有些人，逢人便讲自己的后台有多么厉害，看到他们喜形于色的样子，我不禁替他们感到悲哀。别人再好，但那只是别人的，那不是你的，有什么资格去炫耀？一个人只有靠自己的能力，才能赢得别人的尊重。虽然有句俗话叫作"背靠大树好乘凉"，但是，树总有老去的时候，也有被人砍伐的时候，更有遭遇天灾的时候，到那时，恐怕就是"树倒猢狲散了"。

成功靠自己

爱默生说："坐在舒适床垫上的人容易睡去。"任何人都应该学会自强自立，不能只依赖别人的帮助。靠他人的帮助维持生计只能解决一时之需，想要真正在社会中更好地生存下去，唯有依靠自己的力量。

生活中，许多人都持有一个最大的谬见——习惯于从别人不断的帮助中获益。

力量是每一个想拥有出色成就者的目标，而过于依靠他人不但不能使自己变得强大，增强自己的力量，相反，往往会导致自己变得懦弱。我们要明白，力量是自发的，而不是

从他人身上获取的。很简单的道理：坐在健身房里让别人替自己练习，自己是无法增强肌肉能力和力量的。

依赖心理会毁掉一个人，没有什么比依靠他人的习惯更能破坏独立自主的能力了。如果我们依靠他人，我们将永远坚强不起来，也不会有独创力。要么独立自主，成为一个坚强的人，要么埋葬雄心壮志，甘愿过平庸的生活。

"人要获得独立自主和闲暇，"叔本华说，"必须自愿节制欲望，随时养神养性。更需不受世俗喜好和外在世界的束缚，这样人就只为了功名利禄或为了博取同胞的喜爱和欢呼，而牺牲了自己本来就世俗低下的欲望和趣味；有智慧的人是绝不会如此做的，而必须会听从何瑞思的训示。何瑞思在给马塞纳斯的书信中说：'世界上最大的傻子，是为了外在而牺牲内在，以及为了面子、地位、头衔和荣誉而付出全部或大部分闲暇和自己的独立。'"

只有独立才能磨炼出坚强的意志与力量。无论身处什么样的环境，面对任何困难，我们都应坚持自己的独立性，这是每个人都应做到的。

"依赖需要"，是一种儿童期的心理需求。因为儿童生理上十分弱小，需依赖成人才能生存下去。但是如果这种行

为在成年期仍表现得非常明显，就是一种心理幼稚者退化的表现。

依赖者会形成一些特有的症状，他们缺乏社会安全感，与别人保持距离。他们需要别人提供意见，经常受外界指使，自己好像没有判断能力。他们潜藏着脆弱，没有发展出机智应变能力。

依赖会使一个人丧失精神生活的独立自主性。过于依靠别人的人，甚至没有独立思考的能力，会陷入犹疑不决的困境，他们一直需要别人鼓励和支持，借助别人的扶助和判断。他们对自己失去信心，对生活失去信心，不相信自己能做成任何事情。

在我们的生活中，需要别人的帮助，但是更重要的是靠自己。也许我们命运中会遇到很多挫折和坎坷，它就像是小蜗牛背上的壳一样，我们厌恶它，抱怨自己为什么要比别人运气差，要承受更多的不幸和痛苦。可是正是那些不幸和痛苦磨炼了一个人坚强的意志，而这样的意志成了成功的重要条件。

古今中外，成功人士无不是经过自己的不懈努力，在灾难和不幸中磨砺自己高尚的人格，而从失败和不幸中走来

的英雄更让我们敬佩。当然，我们知道现实的世界是很残酷的，有很多的东西我们不可以选择，就像小蜗牛背上的那个壳，就像我们的身世。有的人生来就能得到更多的关注和优待，因为有着很多条件，他们更容易成功。

对于别人拥有的优势，我们不用自卑，更不用感叹命运的不公，而应该乐观地去发现自己的优势。

自助者天助，成功要靠自己。

自己的路自己来规划

自己的人生路究竟该由谁来设计？

因为我们活在这个世界上并不是一个孤立的个体，我们身边有很多跟自己有关系的人：父母、亲人、老师、同学、朋友，他们关心着我们，爱护着我们，所以很多时候，我们无法完全按照自己的想法来做事、来生活，我们还要考虑他们的感受、他们的幸福，于是，我们遵从着心中做人的准则，遵从着忍让谦和的理念，把自己的想法深深埋在心里，按照别人的意思设计我们自己的人生路。

小时候，我们把自己的一些大事都交给父母决定，因为我们希望认同自己的父母，把父母视为心中的楷模，而父母也常根据孩子能否接受他们的价值观来奖励或惩罚他们。

直到长大了，我们有权利、有力量选择自己的人生时，我们的一些重大决定还是会受到来自家庭和朋友的影响，有时候我们甚至没有了自主的权利。作为一个有能力负起责任的人来说，我们更应该遵从家庭的意愿而不是我们自己的意愿，因为我们心中懂得了让家人幸福是我们不可推卸的责任。

小时候，妈妈说我是个很听话的孩子，其实我并不是心里真的愿意听她的话，只是因为知道妈妈的艰辛，不忍惹她生气。她叫我好好念书，我就每次都把奖状领回家；她叫我不要出去玩，我就乖乖地待在家里……长大了，妈妈说我没有以前听话了，其实并不是不再顾及她的感受，只是因为有了不同于她的人生观。

长大了，为了追求理想，为了自己的未来，我孤身一人闯荡北京。妈妈一时很难接受，因为这是我第一次离她那么远，而我觉得自己的人生路需要自己来设计，因为未来的路还要自己走。

生命当自主，一个永远遵从别人意志的人，享受不到创造之果的甘甜。自主是创新的激素、催化剂。人生的悲哀，

莫过于别人替自己选择，结果成为被别人操纵的机器，从而失去自我。

成功者总是自主性极强的人，他们总是自己担负起生命的责任，而绝不会让别人驾驭自己。他们懂得必须坚持原则，同时也要有灵活运转的策略。他们善于把握时机，摸准"气候"，适时适度、有理有节。如有时需要"该出手时就出手"，积极奋进，有时则需稍敛锋芒，缩紧拳头，静观事态；有时需要针锋相对，有时又需要互助友爱；有时需要融入群体，有时又需要潜心独处；有时需要紧张工作，有时又需要放松休闲；有时需要抗衡，有时又需要果断退兵；有时需要陈述己见，有时又需要沉默以对；有时要善握良机，有时又需要静心守候。人生中，有许多既对立又统一的东西，能辩证待之，方能取得人生的主动权。

我们只有自己掌握前进的方向，才能把握住自己的目标，才能让我们的目标得以实现。当然，在这个过程中，我们必须学会独立思考，坚持己见。只有我们有了自己的主见，我们才会懂得自己解决自己的问题。所以说，我们活着，就不应该相信有什么救世主，不应该信奉什么神仙和上帝，只有我们自己才能拯救自己，只有我们不断完善我们自己的品质，我们才会有所作为，才会成为一个对社会有所贡献的人。

我们只有完善自我品质，才能傲立于世，才能不断开拓自己的新领域，才能得到他人的认同。我们只有完善自我品质，才能驾驭自己的命运，才能控制自己的情感、规范自己的行为，分配好自己的时间和精力。另外，我们要自主地对待求学、就业、择友，这是成功的要义。只有我们做到这一切，才能克服依赖性，才不会处于任人摆布的境地，才不会让别人推着前行。

吃自己的饭，走自己的路，做自己的事，何必凡事都跟别人一样呢，保持自己的特性不可以吗？

人若失去自己，则是天下最大的不幸；而失去自主，则是人生最大的陷阱。赤橙黄绿青蓝紫，你应该有自己的一方天地和独有的色彩。相信自己，创造自己，永远比证明自己重要得多。你无疑要在骚动的、多变的世界面前，打出"自己的牌"，勇敢地亮出你自己。你该像星星、闪电，像出巢的飞鸟，果断地、毫不顾忌地向世人宣告并展示你的能力、你的风采、你的气度、你的才智。

一切都要靠自己

世界上之所以有那么多人会被流言蒙蔽，被迷信所惑，是因为他们没有深刻地认知自己，而是怀疑自己，相信别人。事实上，真正能够帮助你的人又有几个？那些虚无缥缈的东西又有多少可以相信？与其期待着一种虚幻的安慰的降临，不如相信自己的实力，在人生的路上执着前行。那个最可靠的可以帮助自己的人永远都是自己，一切都要靠自己的争取。

一天，一位书生到朋友家做客，看到朋友的母亲虔诚地叩头，求观音赐福。书生很好奇，便上前询问她为什么这样

第一章　未来之路

做？那位母亲回答道："家里现在已经没钱买米了，一家人吃苦受累也没有好日子过。所以，我求菩萨赐福，让他保佑我们全家人都有饭吃。"听她这么说，书生沉思了一会儿，然后笑着说："这样吧，我家还有余粮，你可以先借我家的粮食供家里人吃饭。我曾听说西藏有一位神僧可以赐福给所有受苦受难的人，你愿意见一下他吗？"这位母亲很高兴地说："我当然想见。""那你要做好准备，去西藏的路艰险难行，而且，你去了也不一定能见到他。"书生说。这位母亲听后仔细想了想还是决定去。

她谢过书生后，就上路了。一路上，她披荆斩棘，风餐露宿，历尽艰辛，终于到了白雪覆盖、人迹罕至的西藏。可她在那里徘徊了一天，问了很多人都没有遇到神僧。一个月后，老太婆很失望地回来了，一见到书生，她便说："你是不是在骗我？我历经千辛万苦，才到了那个人迹罕至的鬼地方，问了许多人，人家都说没有这样的人。"书生说："你说得很对，除你之外，根本没有什么神僧！"这位老太婆这才一下子恍然大悟，于是不再叩头求任何神仙。她让家里所

有的人努力干活儿，并做一些小玩意儿拿出去卖。生活慢慢地过得不再那么困难了。

人总是会有一些侥幸心理，希望自己能够在无意之中有贵人相助，有一些意外的收获。但这个世界太过真实，期望太高的人总会让自己归于失望。自己不努力永远都不可能有意外的收获。所以，没有人是你的圣人，你自己才能够拯救你自己。

如果你很聪明，那么你该知道你的路，你的方向是你自己走出来的。当你可以给自己一个良好的定位，并相信自己可以成功时，你就可以有自己的事业。发现自己，认识自己比什么都重要。

第二章

不要看轻了自己

消除自卑

温斯顿·丘吉尔说："一个人绝对不可在遇到威胁时，背过身去试图逃避。若是这样做，只会使危险倍增。但是如果立刻面对它毫不退缩，危险便会减半。绝不要逃避任何事物，绝不！"

很多人在遇到困难时便会觉得自己一无是处，这样就会导致自己成为一个自卑的人。自卑让你低估自己的形象、能力和品质，总是拿自己的弱点跟别人的长处比，让你觉得自己处处不如别人，没有勇气做自己要做的事，严重时甚至连面对生活的勇气都会丧失殆尽。

　　自卑心理，人皆有之。正如一位哲人所说："天下无人不自卑。无论圣人贤士，富豪王者，抑或贫农寒士，贩夫走卒，在孩提时代的潜意识里，都是充满自卑的。"因此你不必因自己潜在的自卑背上过重的思想包袱，你要认识到它是一种消极的心理状态。人生若想有所作为，就必须战胜自卑感。自卑会扭曲现实，给生活带来无谓的思想负担，使一个人的生活道路越走越窄。

　　我们每个人都有这样的一种心理，那就是我们中的任何人都希望证明自己是最强的、最棒的人物，或者至少也要证明自己不是孱弱的。当一个人得到别人的尊重和肯定时，那人就会表现出很安慰、兴奋和快乐的心情。而当他得不到这种需要，甚至还受到别人的批评、排斥和否定时，就会表现出失落、不安、焦虑以及恐慌压抑的情绪。这一刻，如果你感觉自己与他人相比是毫无价值的，并从心里感到一股隐隐的痛，那么，此时你是自卑的。如果你经常有这种感觉，那么你就是一个自卑的人。

　　自卑不仅仅属于某个人，而是人性的弱点。自卑可能将你摧毁，但如果你能超越自卑，便能成为你成功的资本。纵览世界上从自卑中走出来的名人是很多的：

　　法国伟大的思想家卢梭曾为自己是个孤儿、从小流落街头而自卑；法兰西第一帝国皇帝拿破仑曾为自己的矮小身材和家庭贫困而自卑；松下幸之助少年生活极为艰难，而正是这种自卑成为他一生奋斗的动力。这些成就非凡的大人物之所以取得了他们人生的成功，就是因为他们能够正确地评价自己，相信自己什么事都可能做好。反之，如果你总是觉得自己是无能的，那就注定要失败。这也就是说，你连自己都看不起，别人自然也就认为你是个无用的人。

　　受自卑心理折磨的人，好好看看上面这些杰出人物的例子吧。只要你改变你的心态，将自卑化为奋发的动力，就能走向成功和卓越。战胜自卑，其实就是战胜丧失信心的自我。丧失自信通常可分为两种情形：一种是前面所说暂时性丧失信心；一种则是从小养成的根深蒂固的自卑感。自卑感并非无法克服，就怕你不去克服。纵观古今，许多成功者都是在克服了自己的自卑后走向成功的。

　　有一位推销员，在他开始从事这份工作之前，也常为自卑感到苦恼。每当他站在客户面前，就会变得局促不安，结结巴巴，甚至干脆不知道自己在说些什么。虽然对方亲切地招待他，但他总觉得站在人家面前自己是那么的渺小。受这种心理

的影响，他的脑袋里一片空白，原本演练多遍的推销辞令变成杂乱无章的喃喃自语，他的工作简直没法再做下去了。

后来，他终于下定决心要克服这种困难。当他再次面对客户时，他干脆把那些客户想象成为一个穿着开裆裤的小娃娃。经过尝试之后，良好的效果出现了：这位推销员说话再也不会吞吞吐吐了，而是非常自然地和客户交谈，他的自卑感也完全不见了！

其实，许多事情的改变并不像你想象的那么难，更何况自卑感完全可以由你自己控制，没有外来因素的干扰与阻碍。自卑对我们的生活质量以及事业发展有着严重的负面影响，要想生活得快乐，要想事业有成，就一定要消除自卑。

不要看轻了自己

　　每个人都或多或少地存在着自卑的情结，因为每个人都有自己的缺点。自卑与谦逊不同，谦逊是知不足，而自卑是轻视自己。如果这种情绪严重的话，就会对生活产生负面影响。

　　有一个女孩，父母离异，这给她造成了很大的创伤，总觉得自己跟别人不一样，所以总是把自己封闭起来，不喜欢与人交往。有时其他同学在一旁说说笑笑，她总觉得他们在谈论自己。老师让同学们自由讨论时，她总是低着头，自己坐在角落里一言不发。她从来不与别人交流，越是这样，她就越自卑，整天都是一副郁郁寡欢的样子。其实她的功课很

好，人也很漂亮，但她就是摆脱不了自卑的影子。

后来，班里换了一位班主任。他发现了这个情况，便经常给这个女孩做思想工作，又找到班长，让全班同学都来帮助她。于是，几个同学主动与这个女孩接触，跟她做朋友。女孩感到心里很温暖，慢慢地和同学接触，她发现其实大家都不讨厌她，也没有人瞧不起她，甚至还有人因为她的功课好、为人细心而喜欢和她做朋友呢！在大家的帮助下，她慢慢地从自卑中走了出来，变得开朗了。

有点自卑也是一件好事，它可以让我们发现自身的不足之处。但是，如果只停留在这一点上，那就是一种消极的影响了。如果在发现不足之后能加以改正，那么我们就会不断进步，并逐渐自信起来。

现代社会，竞争越来越激烈，只有具有很好的心理素质才能生存。如果一遇到挫折就否定自己，是不会成功的。而且无论是谁，都不会喜欢一个对自己都没有信心的人。现在是一个需要自我展示的年代，自卑的人只能一个人躲在角落里，看着别人不断进步。

每个人的身上都有弱点，而心理上的弱点可以说是对我

们影响比较大的，如果我们不能够克服自己心理上的弱点，在任何方面都不会取得好的成绩。

对自己没有信心、看不起自己、做事喜欢依赖等很多弱点都是我们需要克服的。只有克服自己的弱点，不断地完善自己，我们才会有机会取得成功。

其中自卑就是我们首先需要克服的弱点，有一大部分人都会有这种心理弱点，他们做事情对自己没有信心，总是感觉自己太渺小，没有什么价值，处处瞧不起自己，认为自己很没用。正是这样的心理使他们做事没有勇气，把自己看得一文不值，所以对他们来说，做每一件事情都是那么的困难。

我们一定要克服这个致命的弱点，如果我们一直怀有这种自贬的心理去做事，就会大大减少我们的信心，在做任何事情的时候都不会有好的成就。反过来说，一定要对我们所做的每一件事情拥有坚定的信心，要相信自己一定能够做得很好，就不会自欺欺人。要对自己的生活和工作充满热情，用积极的心态塑造自己的品格，千万不要处处鄙视自己，低估自己的能力。

一个刚刚失去工作的年轻人非常的难过。他为了麻痹自己，一个人来到酒吧喝酒。这已经不是第一次了，之前有几

份很好的工作他都很满意，可是不知道为什么，都没有工作多长时间就被解雇了。他的工作能力还是很强的，毕业的学校也是当地很有名的一所大学，可不知道为什么，毕业后参加的几份工作都没有取得领导的认可。

已经是凌晨2点多了，酒吧里就剩下他一个人了，可他还是不想离开，他想用这样的方式一直麻痹自己，从而减轻自己难过的心情。酒吧就要打烊，可他还是不肯离开，服务员只好去通知老板。老板来到了酒吧，一眼就看出了他的失意，走了过去，与他谈了起来。老板对这个年轻人说："小伙子，现在已经是凌晨2点多了，再过一会儿天就亮了，你看你已经喝了这么多的酒了，为什么还不回家去呢？"

年轻人看了看老板，年纪和自己的爸爸差不多，在他对自己说这句话的时候他感到心里非常的温暖，这个时候他很希望能有一个亲人在自己的旁边，希望他们能给自己一些安慰。他愣了一下，对酒吧的老板说："我现在非常的难过，因为我又一次失业了，这已经不是第一次了。我已经对自己失去了信心，为什么我做的每一件事情，都不会成功呢？我

这一生就注定这样失败下去了吗？可是我不甘心这样子生活下去，我不想成为一个平凡的人，我也有我自己的理想，我从小就立下了志愿，一定要成为一个成功的人。"在说这些话的同时，他的眼里闪烁着泪花。他仿佛遇到了自己的亲人，把装在心里的失意一下子都说了出来。

　　老板听了以后非常了解他现在的心情，因为他曾和这个年轻人一样，有过这样的失意，也曾有过和他一样的心情。他对这个年轻人说："我年轻的时候也和你有过同样的经历，那时候，我一个人从乡下来到城里，为了自己的理想，我也曾做过很多工作，可是也和你一样，都以失败而告终了。但是我并没有放弃自己，在朋友的帮助下，我又一次找到了新的工作，而在做这份工作的时候，我开始学会分析自己，总结我一次次失败的经验，找到原因，然后克服自己身上存在的弱点。我年轻的时候，最大的弱点就是在做事情的时候对自己没有信心，总感觉自己不如别人，处处贬低自己，才导致我失去了以前的工作。可是后来，当我自己了解自己的弱点后，我努力地去克服它，才发现，其实以前好多

事情我都是可以完成的，只是在那个时候我不敢去接受，怕自己会把事情搞砸，总是把自己藏在角落里，时间久了领导对我也失去了信心，自然就失去了这份工作。后来我再也不会像以前那样了，在做任何事情的时候我都会积极向上，给自己信心，相信没有什么事情可以难倒我。结果，现在的我你也看见了，我有了成功的事业，有了幸福的家庭，我还有两个非常漂亮的女儿。"

年轻人听了酒吧老板的一席话后茅塞顿开，好像已经知道自己该怎么样去做了。

自我贬低的性格是一个非常大的弱点，它会使我们对自己没有信心，打击我们向上的精神，使我们振作不起来，从而对生活和工作丧失了奋斗的精神。

培根说过："人人都可以成为自己命运的建筑师。"当我们面对前进路上的荆棘，不要畏缩，因为通往峰顶的路只会亲吻攀登者的足迹；当我们面对人生路上的挫折，不要灰心，因为试飞的雏鹰也许会摔下一百次，但肯定会在第一百零一次时冲上蓝天。撇开自卑吧，无论在任何困难面前都不要屈服，无论怎么都不要看轻自己，一定要自信，始终以顽强的斗志生活着、奋斗着。

不要妄自菲薄

对于一个自卑的人而言，在他眼里几乎所有事情都是灰暗的。因为他总是会过多地看重对自己不利消极的一面，而看不到有利、积极的一面，并缺乏客观全面地分析事物的能力和信心。这就要求我们客观地分析对自己有利和不利的因素，尤其看到自己的长处和潜力，不要妄自菲薄、自暴自弃。

研究自我形象素有心得的麦斯维尔·马尔兹医生曾说过，世界上至少有95%的人都有自卑感。为什么呢？有句话叫作"金无足赤，人无完人"，也就是说，我们每个人都不是完美的，都有自己的缺陷。这种缺陷在别人看来也许无足轻

重，却被我们自己的意象放大，而且越是优点多的人，越是我们觉得完美的人，他们对自身的缺点看得越严重。另外一点就是，我们经常拿自己的短处来比较别人的长处。其实优点和缺点并不是那么绝对的，就像自卑，具有自卑性格的人通常也比较内向，但内向也有内向的好处。内向的人，听的比说得多，易于积累。敏感的神经易于观察，长期的静思使得他们情感细腻，内敛的锋芒全部蕴藏为深厚的内秀心智，而温和的性情又让他们可以更容易地亲近别人。所以从某种意义上说，缺点也是可以转化为优点，就看你自己怎么去看待。其实，从某种意义上说，缺陷也是一种美。就像断臂的维纳斯，虽然失去了双臂，却从严重的缺陷中获得了一种神秘的美。

我们应该首先从心理上认识到世上完美的事物。大海还有涨潮和退潮，月亮还有阴晴和圆缺，更何况人类呢？就在这种不完美的状态下，我们寻找着欢乐，向不完美发出挑战，在力所能及的范围内做得更好一些，以接近完美。

卢梭说："种种优劣品质，构成了生命的整体。"正是因为我们都不完美，所以才有了发展的空间。人的一生，就是同自己的一场战斗，不停地挑战自己、改善自己、完善自

己，所以，人生才变得有意义。

　　美国总统罗斯福小的时候是一个非常胆小懦弱的男孩，脸上总是显露着一种惊恐的表情，甚至背课文也会双腿发抖。但这些缺点没有将他打垮，反而让他更加努力地改进自己。他从来不把自己当作不健全的人看待，他像其他强壮的孩子一样做游戏、骑马或从事一些激烈的运动。他也像其他的孩子一样以勇敢的态度去对待困难。在未进大学之前，他已经通过系统的运动和生活锻炼，将健康和精力恢复得很好了。他努力地改进自己，以至于晚年，已很少有人能够意识到他以前的缺陷，他也因此而成为最受美国人民爱戴的总统之一。

　　要想成功，我们首先要做的就是战胜恐惧。一个人的心中少了"害怕"这两个字，许多事情会好办得多。

　　玛丽亚·艾伦娜·伊万尼斯是拉丁美洲的一位女销售员，她在20世纪90年代被《公司》杂志评为"最伟大的销售员"之一。在当时女性地位还比较低的时代，她是怎样做到这一点的呢？

　　她曾在三个星期中旋风般地穿行于厄瓜多尔、智利、秘鲁和阿根廷，她不断地游说于各个政府和各个公司之间，

让它们购买自己的产品。而在1991年，她仅仅带了一份产品目录和一张地图就乘飞机到达非洲肯尼亚首都内罗华，开始她的非洲冒险。她经常对别人说："如果别人告诉你，那是不可能做到的，你一定要注意，也许这是你脱颖而出的机会。"所以她总会挑战那些让人望而却步的工作，而这种毫不畏惧的精神，也让她成为南美洲和非洲电脑生意当之无愧的女王。

忘却恐惧，可以给我们破釜沉舟的勇气。项羽，就是用这种办法激发了三军将士的勇气，在与强大的敌军较量时取得了胜利，并成就了"楚兵冠诸侯"的英名。无独有偶，西班牙殖民者科尔在征服墨西哥时也用了同一战略。他刚一登陆就下令烧毁全部船只，只留下一条船，结果士兵在毫无退路的情况下战胜了数倍于自己的强敌。

有时，我们需要的就是那么一种勇气。面对任何困难都不逃避，就算遇到再大的困难也不说放弃。

当你静下心来，检查自己失败的原因时，可能会有一个惊人的发现，那就是战胜自己的并非困难，而是存在于内心的恐惧。每当遇到困难，耳边总会有一个声音对我们说：

"放弃吧，那根本就是不可能的事。"于是在这个声音面前，我们内心的勇气一点点消退，我们的信心一点点丧失。人的潜能是无限的，它足可以使我们创造出所有的人间奇迹。而大多数人之所以没有办法将自己体内潜藏的能量激发出来，就是因为怀疑和恐惧动摇了他们的信心，以至于阻碍了潜能爆发的源泉。当你试着抛却恐惧、树立信心、拿出勇气之时，或许你会取得连自己都感到惊讶的成绩。

如果你真的渴望成功，就必须自信。过于自卑，就会使你失去自信心，失去行动的勇气，同时也会放弃对理想的追求，最终只能是一事无成。因此你若想拥有一个成功的人生，就必须战胜自己，摆脱自卑的束缚。

人生的缺憾也许是一件高兴的事

在我们的人生旅途中，每个人都不可能一生都一帆风顺，命运总是会或多或少地给我们一些无法解开的难题。但是，只要我们把人生缺陷看成是一种励炼，那么，我们的生活就会发生意想不到的转变。毕竟在每个人身上，不如意的事情都会有，这是作为人谁都无法避免的事，不同的是，面对缺陷，面对痛苦，你如何去看待，如何去处理。把人生缺陷看成是一种励炼，这个思路太奇特了，可是，它却让我们有了放弃颓废、拯救自我的理由，而这个理由又是这样的善解人意、幽默可爱，如果你肯这样想的话，那么你的人生就

会是另外一番景象。

对比一下我们周围的很多人，他们总是在遭受到一点不如意时，就抱怨自己时运不济，开始放弃自己的追求，觉得自己不能脱颖而出，这一辈子就这样没有希望了。事实上，对于每一个人来说，人生不如意事十之八九，不完美是客观存在的，也是每一个人都无法逃避的，但我们无须怨天尤人。我们只要记住：当我们失意时，我们要面对自己；当我们成功时，我们也要面对自己。不管是失意还是成功，我们都要有一颗敢于向命运挑战的决心，这样我们就能用坚强鼓舞自己，用知识充实自己，用自己的一技之长来发展自己。当我们走向成功时，我们才会发现生命的可贵之处正在于看到自己的不足并且勇敢地改正它。如果我们能做到这些，我们就能坦然面对一切。

人生正因为有了缺憾，才使得未来有了无限的转机，所以缺憾未尝不是一件值得高兴的事。

世界第一经理人、美国通用电气公司董事长杰克·韦尔奇从小口吃，很多人看不起他，他的同伴也常常嘲笑他，奚落他，但他的母亲却经常劝慰他："每个人都有缺陷，这算不了什么缺陷，命运在你手中。"她甚至还用肯定的话鼓励

他、表扬他："你其实是一个很聪明的孩子，虽然有点儿口吃，但这并不能掩盖你其他的优点，你善良、正直。你的口吃正说明了你聪明爱动脑，想的比说的快些罢了。"母亲的话给韦尔奇带来了极大的自信。

正因为韦尔奇对自己充满了自信，结果，略带口吃的毛病并没有阻碍他的发展，反而促使他更加努力奋进。后来，当韦尔奇在事业有成时，注意到他有口吃缺陷的人，反而对他更加敬佩。在他们看来，正是这位有这样缺陷的人在商界才取得了这么辉煌的成就。对此，美国全国广播公司新闻总裁迈克尔甚至开玩笑地说："韦尔奇真行，我真恨不得自己也口吃！"

那些总是慨叹自己不如人的人、那些深感自卑的人好好反省一下自己吧！如果韦尔奇一无所成，那么结果会如何呢？正是因为他在商界取得了辉煌的成就，人们才开始尊敬他，才让他看到了一个被公认为是缺陷的毛病成了人人羡慕的优点。

历史上还有一个人物，他天生矮小，但他却做出了很多大个子们没有做出的伟大成绩。这个人就是拿破仑。他虽然身材矮小，但他从小就好强善斗。在家里，他时常跟比他大一岁的哥哥约瑟夫打架，他的哥哥总是被个子矮小的拿破仑打倒。对此，他的父母非常头疼这个好斗的孩子，于是，在他10岁时，他的父亲将他送到军官学校学习。由于个头儿比较矮小，拿破仑初到军校时备受歧视，他没有别的办法对待他们，只有与他们打架。他虽身材矮小，势单力薄，却从不屈服，这种精神使得同学们无不对他敬畏。

1789年，拿破仑积极投入法国大革命。1793年，在与王党分子的战斗中，拿破仑勇敢作战，他身先士卒，表现出了非凡的军事才能与勇气。因此，拿破仑不断得到提拔，并一再创造军事上的辉煌。后来，在出征意大利和埃及时，他又多次创造了以少胜多的战绩。这些成绩的取得都与拿破仑的信念有关，在他的生活中，他相信自己胜过信上帝。在短短的五年内，他由一个默默无闻的炮兵上尉跃升为一个率领十数万大军的将领，靠的全是自己的战功，而不是任何人的提携。

这时，一切的情形都改变了。从前嘲笑他的人，现在都涌到他面前来，想分享一点儿他得的奖金；从前轻视他的，现在都希望成为他的朋友；从前揶揄他是一个矮小、无用、

死用功的人，现在也都改为尊重他。他们都变成了他的忠心拥戴者。

罗慕洛穿上鞋时身高只有1.63米，他长期担任菲律宾外长，并且工作成绩卓著。以前，他总是觉得自己不如他人，经常为自己矮小的身材而自惭形秽。

为了尽力掩盖这种缺陷，罗慕洛在每次演说时都用一只箱子垫在脚下，然而结果他仍然没有出色的表现，他很为自己的这种现状而忧虑。有一次，他到法国考察，偶然间注意到拿破仑的蜡像，这时，他心头一惊，因为他发现自己竟然比拿破仑还高。他想："拿破仑能指挥千军万马，能面对众人侃侃而谈，我为什么不能？"

当他这样想的时候，就决定以后彻底改变自我，于是，罗慕洛扔掉脚下的箱子，并成为一名杰出的演讲家。

后来，在他的一生中，他的许多成就却与他的"矮"有关，也就是说，矮倒促使他获得了成功。以致他说出这样的话："但愿我生生世世都做矮子。"

1935年，罗慕洛应邀到圣母大学接受荣誉学位，并且发表演讲。在演讲的那天，高大的罗斯福总统也是演讲人。在

那时，许多美国人还不知道罗慕洛是一个什么样的人。那场演讲，罗慕洛取得了巨大的成功。事后，就连罗斯福总统也笑吟吟地怪罗慕洛"抢了美国总统的风头"。更值得回味的是，1945年，联合国创立会议在旧金山举行。罗慕洛以无足轻重的菲律宾代表团团长身份，应邀发表演说。讲台差不多和他一般高。等大家静下来，罗慕洛庄严地说出一句："我们就把这个会场当作最后的战场吧。"这时，全场登时寂然，接着爆发出一阵掌声。最后，他以"维护尊严、言辞和思想比枪炮更有力量……唯一牢不可破的防线是互助互谅的防线"结束演讲时，全场响起了暴风雨般的掌声。后来，他分析道：如果大个子说这番话，听众可能客客气气地鼓一下掌，但菲律宾那时离独立还有一年，自己又是矮子，由他来说，就有意想不到的效果，从那天起，小小的菲律宾在联合国中就被各国当作资格十足的国家了。

　　身材矮小的罗慕洛，不因缺憾而气馁，敢于坦然面对，并用自己的智慧、胆识加以弥补，从而战胜柔弱，超越卑微，做出了惊天动地的伟业。

　　这世上不存在完美的人，如果只是因为自身有某些缺陷就深陷于自卑的泥潭中，那么这个世界上就不会有成功者。正视自己的缺点，并尽全力去完善它，才是提高自己、赢取成功的最好方法。只要我们肯付出努力，任何障碍都无法阻碍我们赢取成功。看看那些成功者吧，有哪一个不是对自己充满信心，不畏任何困难的人。

其实你很棒

自卑犹如一副沉重的枷锁，束缚着你的手脚，撕扯着你的自信，令你踟蹰不前。折磨得你身心俱疲、奄奄一息，生命如将要熄灭的蜡烛，没有一点生气。

蜗牛总觉得自己身份低微，没有什么长处，因此，它对那些比自己漂亮、高大的伙伴们都不敢正视。天长日久，蜗牛把自己完全封闭了，不管外边发生什么事，它都不闻不问，大家也不把它当回事。

这一天，蚯蚓钻出了地面，告诉蚂蚁，傍晚时将有一场大暴雨，叫蚂蚁赶紧通知山上上下的小伙伴，赶快做好准

备，以防不测。

　　蚂蚁很快通知了小伙伴，当它想到还没有通知蜗牛，到处去找蜗牛时，却怎么也找不到它。原来蜗牛因为自卑，害怕见人，偷偷躲起来了。

　　傍晚时分，暴雨袭来。蜗牛由于没有丝毫准备，被山上冲下的雨水卷到山脚，摔得遍体鳞伤。

　　蚯蚓知道了蜗牛的遭遇后，对它说："你要是还在自卑中生活下去，更危险的事还在后头呢！"

　　蜗牛听了，沉思起来。

　　人的自卑心理来源于心理上的一种消极的自我暗示，即"我不行"。正如哲学家斯宾诺莎所说："由于痛苦而将自己看得太低就是自卑。"这也就是我们平常说的，自己瞧不起自己。

　　每个人都有一点儿自卑情结的：他们不仅自己瞧不起自己，还认为自己怎么看都不顺眼，总觉得矮人一头。也许正是因为他们有了这样的自卑意识，结果他们无论在工作中，还是生活中，同样认为自己怎么看都不顺眼，怎么比都比别人矮一头，自己怎么做都不会成功，总比其他人差。实际上真的是这样吗？其实，只要我们走出自卑的束缚，我们就会找到自己的优点，只要我们充满了信心，我们就会看到另一个世界，我们就会敢于面对一个真实的自我。

自卑的人本身其实并不是他所认为的那么糟糕，而是自己没有面对艰难生活的勇气，不能与强大的外力相抗衡，致使自己在痛苦的陷阱中挣扎。所有在生活中说自己为某事而自卑的人们，都认为自卑不是好东西。他们渴望着把自卑像一棵腐烂的枯草一样从内心深处挖出来，扔得远远的，从此挺胸抬头，脸上闪烁着自信的微笑。

如果我们对自己没有信心，让自卑的心困扰我们，我们就会被一些无关紧要的缺陷所包围。最常见的缺陷有：身体胖、个子矮、皮肤黑、汗毛重、嘴巴大、眼睛小、头发黄、胳膊粗……这些几乎都是让我们产生自卑的理由，而我前面所说的"耳朵上的一个小眼儿"也是其中一个。然而实际情况如何呢？只要我们想开了，我们就能坦然面对了。当我们把目光从自卑的人身上转到那些自信的人身上时，便会有新的发现：上帝并不是让他们全都完美无瑕的。如果用"耳朵上的小眼儿"这样的尺度去衡量，他们身上的种种缺陷也可怕得很呢！拿破仑身材矮小、林肯长相丑陋、罗斯福瘫痪、

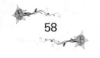

丘吉尔臃肿，但他们都没有因为这些缺陷而停滞不前。相反，他们以此为动力，奋斗不息，结果成就了自己的辉煌。所以说，看看这些成功人士吧，他们身上的缺陷哪一条不比"耳朵上的小眼儿"更令人"痛不欲生"？可他们却拥有辉煌的一生！如果说他们都是伟人，我们凡人只能仰视，就让我们再来平视一下周围的同事、朋友，你也可以毫不费力地就在他们身上找出种种缺陷，可你看他们照样活得坦然自在。自信使他们眉头舒展，腰背挺直，甚至连皮肤都熠熠生辉！

所以，我们只有正视自己，只有正确地认识自己，才能走出人生的误区，才不会被自己的缺陷所困扰，才能敢于面对真实的自己，才能勇敢地接受现实、接受自我。这才是一个能成就大事的人所应该具备的品质。

心理素质强的人，勇于正视自己的缺点，接受自我。他们接受自己、爱惜自己，无论他们在人生的道路上结果如何，他们都会敢于面对，他们不会因失败而不求进取，也不会因失败而自暴自弃。因为他们知道，自己与他人都是各有长短的、极自然的人。对于不能改变的事物，他们从不抱怨，反而欣然接受所有自然的本性。他们既能在人生旅途中拼搏，积极进取，也能轻松地享受生活。只有勇敢地接受自

我，才能突破自我，走上自我发展之路。

　　在人生的路上，有很多事情都不是外界强加给我们的，而是我们强加给自己的。我们没有充分地认识到自己，才会自卑感严重，在做起事来的时候才会缩手缩脚，没有魄力，结果让许多机会丧失，导致我们最终走向失败。所以，我们应该注意到当我们一开始去面对一件事情时，就要鼓足勇气去面对，不要因为自卑而畏首畏尾，也只有丢掉自卑感，大胆干起来，我们才能走向成功。

如何克服自卑

　　在社会生活中，我们总是谴责那些自高自大的人，因为他们自命不凡、妄自尊大、目空一切，结果是害人害己。骄傲固然不好，但自卑也绝不是一件好事情，自卑的人认为自己处处不如别人，习惯用放大镜放大自己的缺陷和不足，总感觉自己不如别人，总感觉自己在别人的面前抬不起头来。

　　自卑对自己的恶劣影响，会使你自己感觉身上背了一个沉重的包袱，会让你沉重而无奈地走下去，特别是你有自己的选择的时候，自卑会毫不留情地抹杀你的英雄气概，让你至少在做事的起点上要比别人慢半拍。碰到障碍的时候，可

能会令人唉声叹气，甚至一蹶不振，从而否定自己的一切，还会掉进自责的心理陷阱，因此，机会从身边悄悄走掉了，本来轻松快乐的生活使你感到既痛苦又难受。根源就在于自卑牵着你的鼻子走，自卑主宰了你的生活。

一些心理医生认为，对于自卑心严重的病人，他们总是自怨自艾、悲观失望，当然有时也不免妄自尊大。自卑的人看似平静的心绪，其实他们的心理剧烈地活动着，自卑犹如一条毒蛇一般使他们自己永远耿耿于怀，永远陷入自我设定的旋涡中不可自拔。严重的甚至会有自杀的不良心理倾向。

自卑是一种不良的情绪，会对我们自身的发展造成很大的障碍。因为凡是自卑的人，意志一般都比较薄弱，遇到困难时容易退缩，缺少面对困难的勇气。自卑还会给我们的人际交往带来一定的负面影响。因为自卑的人容易情绪低沉，常会因怕对方瞧不起自己而不愿与别人来往。而人际交往上的困惑又更容易让他走入心灵的死角。所以，自卑是成功的大敌。如果你有这个毛病，就应该尽自己的最大努力克服。否则，就会对自身的发展带来负面的影响。

如何克服自卑呢？以下几种方法可能会对你有用。

第一，全面认识自己，接受真实的自己。

认识自己，就是充分认识自己的优缺点。但这并不是终点，我们接下来要做的就是让自己接受这个真实的自己，并不断地加以改正和提高。

对待错误，既不应该姑息，也不应该太过苛刻，因为一两个缺点就把自己全盘否定。世界并不完美，日月尚有升落盈缺，海水也有潮涨潮落，更何况我们这等凡人呢？所以，面对自我，一定要调整好心态。当然，也不能盲目乐观。如果你来个"鸵鸟政策"，那只能自欺欺人。而且你的视而不见，也会让缺点一点点扩大，直到最后，把你吞没。当我们可以正确面对自己的时候，我们的身心也就会真正地成熟起来。

第二，转移注意力。

消极情绪是每个人都会有的，关键是当它到来时，你要及时将其化解，这样它就不会对我们造成伤害了。

化解这些不良情绪最好的办法便是转移注意力。例如，男士最常用的排解忧郁的方法便是运动。可以通过打篮球、跑步等办法来发泄。也有的人一遇到烦心事喜欢喝酒，一醉解千愁。但是，往往酒醒以后，头脑反而会更加清楚，烦恼也会随之而来了。就算是为了排解郁闷，也应该有度，酒多伤身，到时反而连自己的身体也赔进去了。

而女士一般都喜欢发牢骚，把自己的不快向朋友、亲人一吐为快。再就是购物、逛街或索性大哭一场，哭过之后，也就雨过天晴了。无论哪种方法，只要能将心中的不快排除出去，对你就是有益的。

　　第三，分析自卑产生的根源。

　　如果你有自卑的心理，就要静下心来，让自己想一想产生这种心理的根源是什么。能力、家庭、相貌，还是小时候所受到的心理伤害。当你明白了病因，也就可以对症下药了。其实，大多数情况下，都是我们过于夸大内心的感受。比如你的容貌，或许你认为自己不够漂亮、英俊，但实际上别人并不会在乎这么多，只不过是你自己将内心的感觉放大罢了。

　　大多数情况下，自卑是建立在虚幻的基础上的，是我们的心理在作怪，与现实并没有太大的联系。比如你小时父母离异，于是便会觉得别人都看不起你。但其实别人并没有这种想法，是你将自己的思想弯曲了。如果你可以纠正自己的思想，那么也就可以克服这个毛病了。

　　第四，积极行动，证明自己的价值。

　　之所以会自卑，就是因为我们不自信。一个有信心的人是

不会受这种消极情绪影响的。所以，自信是消灭自卑的良药。

如何才能建立自信呢？其实很简单，那就是行动起来。其实，恐惧是我们内心最大的敌人，好多时候，并不是我们的能力有问题，而是我们的心理有问题，所以才会在困难面前败下阵来。当你真的鼓起勇气时，也就没有什么可以把你难倒了。

可以给自己制订一些小小的目标，开始的时候不要太难，否则就会挫伤我们的积极性。当你一个个实现了自己的目标时，信心也就会一点点地增强，并在成功的喜悦中不断走向新的目标。每一次的成功都会强化你的自信，弱化你的自卑。当你切切实实感到自己能干成一些事情的时候，你还有什么理由去怀疑自己呢？

第五，从另一个方面弥补自己的缺陷。

或许，你自身的确有某些缺陷，比如生理上的，让你感觉很自卑。而这些，是我们没有能力改变的。但是，我们却可以通过另一种方式来弥补。比如，盲人的视力不好，但是触觉和听觉却比正常人要灵敏得多；你的身材矮小而又肥胖，连衣服都很难买到，这让你很难为情，更当不了什么模特，进不了仪仗队，但是，这个世界上对身材没有过多要求的工作有的

是，关键是你要用一种积极的心态让自己去面对。

鱼虽然没有翅膀，却可以在水里遨游；雄鹰没有强健的四肢，但却可以在天空翱翔。我们的缺陷，反而会激发出另一方面的潜能。只要你能调整好自己的心态，便可以扬长避短，使你更加专心地关注自己的成长方向，从而获得超出常人的发展。

第六，培养外向的性格。

有自卑心理的人，一般也都有自闭的倾向，喜欢把自己封闭起来。而这种封闭又很容易会让我们陷入自己的消极情绪中去，因此形成一个恶性循环。

其实，性格的内向与否，完全取决于自己。当你认为自己性格内向之时，便会赋予自己内向封闭的自我形象。而一旦它进入你的潜意识，便会约束你的行为。所以，你必须学会敞开自己的心扉。当阳光照射进来的时候，你也就不会再害怕黑暗了。

在这个世界上，我们每个人都是独一无二的，所以，没有必要自怨自艾。要学会爱自己、欣赏自己。当你学会用乐观的心态来看待自己的时候，你的内心也就会变得更加的成熟，而在生活中，也就会变得更加的理智了。

我是最棒的

科学研究成果表明，一位普通人只发挥体内50%的潜能，就可以掌握40多种语言，可以背诵整部百科全书，可以获得12个博士学位。大多数人之所以没有取得任何成就，不是因为他们没有能力，而是对自己没有信心，这才导致自身的潜能被自卑感掩盖、被消极的态度消磨。

我们必须永远看得起自己，我们有权利享有人世间最美好的事物。而个人要想生活得幸福，事业有成就，就必须最大限度地看得起自己，使自己的身心和力量处于最和谐的状态。只有发掘和利用这种状态，我们才会走出忧郁和苦闷

的泥坑，才能清除人生道路上的困难与阻力，实现自己的梦想，成为自己想成为的人。

美国南北战争时期有一位名叫格兰特的将军，此人军事才能杰出，但有一个毛病就是好酒贪杯。在林肯看来他是一位帅才，虽有缺点，且很明显，但他人的才能无法与之相比，于是便力排众议坚决任用格兰特。林肯对众多的反对者说："你们说他有爱喝酒的毛病，我还不知道；如果知道，我还要送一箱好酒给他呢！"格兰特的上任，决定了战局的胜利。在他的统帅下，美国南北战争出现了转折，北军很快平定了南方奴隶主的叛乱。

1862年初，越打越艰难的南北战争，对于北方来说，已经到了生死存亡的时候，可是美国总统林肯还为总指挥官的人选伤透脑筋。千军易得，一将难求，林肯的条件是：这个人要勇于行动，敢于负责，而且善于完成任务。

他选择的第一任军事总指挥斯科特将军老态龙钟，思想落伍，不愿意也没有能力承担责任；

第二任军事总指挥麦克道尔将军是一个完全不能胜任工作的人，他甚至对统帅一支大部队感到手足无措；

第三位军事总指挥帮克莱伦将军看起来是个优秀的人，但是他瞻前顾后，沉溺于理论分析中，只会纸上谈兵。

无奈之中，林肯任命哈勒克将军为第四任总指挥，然而哈勒克依然让他失望了。短短的几年中，如此频繁地更换军事总指挥，林肯总统实出无奈。当格兰特出现时，林肯知道自己找到了合适的军事指挥官。

在林肯总统的心目中，格兰特将军就是那个他一直要寻找的人：他充满了自信，勇敢无畏；敢于冒险，意志坚定；他在冒险中还敢于想象，在想象中还敢于付诸行动；他敢于负责，能创造性地完成任务。

1863年10月16日，林肯命令所有的西部军听从格兰特的指挥，格兰特因此成为第五任军事总指挥。1864年3月10日，林肯正式任命格兰特为中将，统领三军。格兰特成了美国继华盛顿、斯科特之后拥有统领三军这一最高军事权力的人。

事实证明，林肯终于找到了合适的人才。这个其貌不扬的人，却是当时全美唯一一个能够和南方军统帅罗伯特·李将军抗衡的人。

　　格兰特没有让林肯失望，1863年4月初，格兰特发起的维克斯堡一战把南方同盟切成了两半，将密西西比河这条大动脉从南方手中夺了过来，维克斯堡要塞拱手送给了北方。联邦的每一个城市和农村顿时群情欢腾，人们以各种形式欢庆胜利，祝贺指挥战争的头号英雄格兰特。这场战役是格兰特的杰作，在他一生的事业中，这也许要算是一次最伟大的成功，可与拿破仑的战例相媲美。

　　当林肯接到来自格兰特的捷报时，激动万分地说："干得好，格兰特！"

　　格兰特指挥的维克斯堡战役的胜利不仅是美国内战的一个重要转折点，而且作为勇猛果断的灵活快速的战术，成为美军机动进攻的典范写进1982年版美国陆军FM100-5号野战条令《作战纲要》。

　　格兰特的胜仗结束了南北战争，并使他成了国家的英雄。1868年，共和党提名格兰特为总统候选人。他对政治从来就不感兴趣，他一生中只参加过一次总统选举投票，但是他轻松地取得了胜利。

　　所以，在我们的一生中，究竟什么是决定人生成功的重要因素呢？是气质还是性格？是财富还是关系？是勇敢还是聪明？不，都不是。而最重要的就是自己必须相信自己，自己必须看得起自己，最后才能走向成功。格兰特的事例让我们明白：一个人只有具备这个因素，才决定我们的人生是否成功。

自信

　　今天，一个非常让人失望的事实是，有太多的人不相信能够成功，反而质疑自己是否具有赢取成功的能力。对于自己的一事无成，他们常常能找到各种借口、理由来搪塞。悲观主义、消极情绪，是我们时代的特点，弥漫在我们的社会。在很多人身上，我们看不到一点渴望追求成功的影子，相反，他们给人的印象好像是某种力量的受害者。

　　相信自己，这是渴望成功者首先要做到的一件大事。一个不相信自己的人，不可能实现自身蕴藏的巨大潜能；而一旦相信了自己，相信自己身上蕴藏的潜能，你必将取得成功。

列宁说过："自信是走向成功的第一步。"信心一旦与思考结合，就能激发人体内所蕴藏的无限能量，激励人们表现出无限的智慧和力量。美国旅馆大王、世界级巨富威尔逊的经历可以给我们一些启示：

威尔逊在创业之初，身无分文，全部家当就是一台分期付款赊来的爆米花机。第二次世界大战之后，他做生意赚了点钱，决定做地皮生意。当时在美国从事这一行业的人并不多，因为战后人们都比较穷，买地皮修房子、建商店、盖房子的人也比较少，所以地皮的价格也非常低。当朋友们得知威尔逊这一决定时，都纷纷劝他改变主意。但威尔逊相信自己的眼光。他认为尽管连年的战争使美国经济很不景气，但美国是战胜国，所以很快就会从战争的创伤中恢复过来。到时由于修建厂房和房屋，一定会大面积用地，地皮的价格一定会暴涨。于是，他便用手中所有的资金和一部分贷款在市郊买下了很多块荒地。

后来的事实的确如威尔逊所料。战后不久，经济复苏，城市人口由于增多，不得不向郊区扩展，马路一直修到威尔逊买的土地边上。这时，人们才惊喜地发现，这里风景怡人，是夏日避暑的好地方，于是纷纷出高价购买土地。但威尔逊却有自己的打算，他在这片土地上盖起了一座汽车旅馆，命名为"假日旅馆"。由于这里风光怡人，交通便利，所以游客很多，生意兴隆，而他的生意也越做越大，他的旅馆也逐步遍布世界各地。

信心，让我们有勇气去面对生活的苦难；信心，让我们有勇气去改变自己的人生。没有信心，就会失去生存的勇气；充满信心，就会开创属于自己的奇迹。

自信就是力量，奋斗就会成功！乔·特纳维尔说："无论你的内心所怀抱着的意念或信仰是什么，它都可能成为真实。因此，切勿在通往无穷智慧的道路上自设障碍，就像当阳光透过三棱镜时，会分成多道光束一样，当自信化作无穷智慧通过你的内心时，也会绽放出不同的光芒。"

第三章

在挫折和失败中奋起

向自己挑战

　　自从我们人类诞生的那一天起，就不停地与大自然进行着较量。我们征服河流，让它为我们灌溉农田；我们驯服野兽，让它们为我们服务；我们征服自然，让它听从人类的指挥。我们创下了一个又一个奇迹。我们骄傲，我们自豪，好像我们就是万能的上帝。但是当我们静下心来的时候，却往往发现还有一个最大的敌人没有被我们征服，那就是我们自己。因为自己的心念，往往不受自己的控制，那才是我们最顽强的敌人。

　　或许有人会觉得这有些危言耸听或者夸大其词，但事实

却是如此。据科学家分析，人类所发挥出来的能量只占自身所拥有的全部能量的4%左右，也就是说，我们每个人的身体内都潜藏着巨大的能量，而如果这些能量可以全部爆发的话，我们完全有能力创造出比现在辉煌得多的业绩。但是，这些能量却被深深地埋藏起来，而埋藏这些能量的，往往就是我们自己。

我们总是不相信自己，总是怀疑自己，总是看轻自己，于是我们体内所潜藏的那些能量也就在我们的怀疑之中渐渐消退，所以我们放弃了，也就失败了。其实，只要我们全力以赴是可以将事情解决的。但是我们却出卖了自己，成为自身的俘虏。

美国有个个性分析专家罗伯特有一次在自己的办公室里接待了一个人，这个人原来是个企业家，家财万贯，但是由于后来经营不善而倒闭，而他自己也从一个叱咤商场的风云人物沦落为一个流浪汉。

当这个人站在罗伯特面前时，罗伯特打量着眼前的这个人：茫然的眼神、沮丧的神态、颓废的样子。当罗伯特听完这个人的讲述之后想了想，对他说："我没有办法帮你，但

是如果你愿意的话，我可以给你引荐另一个人。在这个世界上只有这个人可以帮你，可以让你东山再起。"

罗伯特刚说完，这个人就激动地站了起来，拉着他的手说："太好了，请你马上带我去见他！"

罗伯特带着他来到一面大镜子跟前，指着镜子中的人对他说："我要给你引荐的就是这个人，你必须彻底认识他，弄清他，搞懂他，否则你永远都不可能成功。"

流浪者朝着镜子走了几步，望着镜子中那个长满胡须、神情沮丧的人，他把自己从头到脚打量了几分钟，然后后退几步，蹲下身子哭了起来。

几天后，罗伯特在街上见到了这个人，他几乎认不出他来了，只见这个人西装革履，神采奕奕，步伐轻快而有力，原来的那种沮丧和颓废一扫而光。他见到罗伯特立刻前来握住他的手说："谢谢你！我现在已经找到了一份很不错的工作。我相信凭我的能力，一定可以东山再起。到时我一定会重重答谢您的！"

果然，不到几年的时间，那个人又重新创办了自己的企

业，再次成为当地的名流人物。

　　假如你和一般的失败者面对面地交流，你就会发现他们失败的原因了。这是因为他们缺乏一种挑战精神，缺乏足以激发人、鼓励人的环境，缺乏从不良环境中挣扎奋起的力量，最终使得他们的潜能没有得以激发。世界上许多出身卑微的贫穷孩子，他们做出了无数不平凡的事业。例如富尔顿发明了推进机，最终成了美国著名的伟大工程师；法拉第在实验室内经过反复的药品调制，最终成了英国出色的化学家；惠德尼通过不断的研究店里的工具，最终发明了纺织机。此外，小小的缝针和梭子也使他成了缝纫机的发明者；最简单的机械也让贝尔发明了对人类文明有了巨大的推动作用的电话。从这些成功者身上我们可以看到，如果一个人不怕拒绝挑战，不怕甘于落后，他们就敢于去挑战困难，去做更伟大的事情。但是，在很多人眼里，我们却看不到那战斗的火焰在闪烁跳跃，看到的是在他们经历了一段时间的奋斗之后，最终又走向了失败。这些都是可惜的，因为，他们浪费了成功的资源。然而，能够向自己挑战的人，势必像一名身经百战、骁勇善战的将军一样，做好了一切准备，随时准备出击，以此争取更大的胜利。

　　在这个世界上，能够击败我们的只有自己，只要我们不放弃自己，是没有人可以战胜我们的。但是，我们却总是让自己生活在自己所设计的囚牢里。当然，人性是有弱点的，这一点我们不得不承认。一路走来，我们好像总是生活在与别人的较量之中，而唯独忘记了我们自己。但事实是，要想战胜别人，先要战胜自己。

　　美国《运动画刊》上曾经登载过一幅漫画，画面是一名拳击手累得瘫倒在训练场上，标题耐人寻味——突然间，你发觉最难击败的对手竟是自己。

　　1953年，科学家谈林和克里克从照片上发现了DNA的分子结构，并提出了DNA螺旋结构的假说，这标志着生物时代的到来，而他们也因此而获得了1962年度的诺贝尔医学奖。其实，早在1951年，英国一位叫富兰克林的科学家就从自己所拍的DNA的X射线衍射照片上发现了DNA的螺旋结构，但由于他生性自卑，且怀疑自己的假说，所以与成功失之交臂。

　　人的本性，注定我们内心有许多的不坚强；自己，往往是最可怕的对手。为了成功，我们必须战胜自己，因为这往往是我们通向成功的最后一道屏障。

　　一个人只有战胜自己，才能成为自己的主人；一个人只

有成为自己的主人，才能把握自己的人生。战胜自己需要坚强的意志，只要你有一个坚定的信念，就一定能够超越自己。

自己与自己的较量是最残酷的，也是最惊心动魄的，因为我们面对的不是别人，而是我们自己，他和我们一样强大，他很了解我们的内心。只要我们稍不留神，就会被他钻了空子。他也很了解我们的防守和进攻，在这个敌人面前我们几乎就是个透明人，一不小心就会被他击败。在人生的道路上，有的人能够成功，有的人却总是失败。而所有能够成功的人都是打败自己的人，那些被自己打败的人，也是生活中的失败者。

如果我们渴望成功，我们一定要坚信地对自己说："向自己挑战！"我们每天都要对自己说："挑战，挑战！无限的成功就是无限的挑战，千万不要停止对理想的追求与挑战！"如果我们有勇气向自我挑战，就会获得一种奋发向上的动力，就会马上进入成功的状态。所以说，如果我们想要让自己成为一名高贵的领导者，让自己的事业不断上升，就马上向自己挑战吧！毕竟向自己挑战是一项勇敢的举动，是伟大的——对自己的挑战，就是向一切竞争者挑战！

不要让恐惧扼住你的心灵

恐惧是我们发挥自身潜能的头号敌人。因为它会让我们怀疑自己，不相信自己，让我们在面对困难时提前缴械投降。而如果我们心中没有这种恐惧的感觉，那么我们在面对困难时就会迎难而上，我们的勇气就会被激发出来，我们自身的潜能也会得到释放。

关于恐惧，很多人庸人自扰，如果不明了恐惧，不懂妥善利用它，它可能是你迈向成功的绊脚石，使你畏惧、自卑、失落，由有价值的人生变为无价值的人生；如果你能妥善利用它，它就可以成为你成功的踏脚石。就像香港第一个

奥运金牌得主李丽珊，她无负香港市民对她的期望。在电视访问中得悉，她参赛的目标很明确，她也很感激关心她的每一个人，特别是香港人对奥运奖牌的期望都集中在她身上，她利用这种恐惧的力量（恐惧失败），把它化成坚毅不屈的行动，把它转成一股炽热的信念火炬。如果李丽珊只是恐惧，她肯定会失败，就是因为她拥有双重火热的情绪：恐惧与信念，她把它们化成行动，相互交织，相互点燃，加上一个清晰明确的金牌目标，最后她才能够达至成功的彼岸，这就是为什么她真诚地说那面金牌是代表香港人取得的。

人体的潜能是无限的，如果我们可以很好地挖掘的话，那么就不会有任何外在的事物可以攻击我们。这也就要求我们要把自己的态度调整过来，时时往好的方面去想。比如工作上碰到了不如意，可以把它当作磨炼自己的一次机会而不是在那里怨天尤人。其实，当你真的去做的时候，就会发现事情没有自己想象的那么糟，而自己也完全有能力解决。但如果我们被心中的恐惧所俘获，就只能在困难面前乖乖就擒。

所以，不要让恐惧扼住你的心灵，那只会让你尝到失败的滋味。许多事情并不是我们做不了，而是我们不敢去尝试，也就让自己白白失去了机会。其实，只要拿出你的勇

气，你就会发现自己其实可以做得很优秀。

　　有一个推销员一直想当上公司里的"首席推销员"，为了达到这个目标，他必须在一周之内完成50万元的销售任务。但是直到星期五，他才完成了30万元，刚到任务额的一半。他问自己是不是要放弃，因为离星期一只有两天的时间了，而在这两天之内去完成20万元的销售任务是非常困难的。但是他最后下定决心一定要达到目标，无论付出什么样的代价。于是，当星期六人们都休息的时候，他又出发了。一直到了下午3点多钟，他还没有达成一笔交易。他当时有点泄气，后来他告诉自己无论如何都必须完成自己的目标。经过思考，他觉得交易成功与否很大的因素是在销售员的态度上，于是他在心中默念了10遍"我是最优秀的"，让自己重新振作起来，整个人看上去神采奕奕。结果到了晚上，他拿到了两笔订单，而这两笔订单的销售额就达到了10万元。现在，他只差最后的10万元了。这给了他很大的勇气，第二天，他又以全新的状态投入到新的工作中去，他告诉自己一定会成功。结果在晚上10点钟左右，他谈成了自己的最后一笔订单，不但达到了预定的任务额，而且还超过了5万元。

有时并不是我们做不到，而是我们提前选择了放弃。只要你不让自己生活在恐惧中，不去否定自己，而是尽自己的最大努力，那么你会发现成功很容易。因为我们体内蕴藏的能量可以让我们出色地完成任何繁重的事务。所以，不要让恐惧成为阻碍自己成功的杀手。相信自己，你就一定能行。那么，我们如何做才能克服内心的恐惧呢?

首先，建立自信。信心，是一切力量的来源。一个心中充满自信的人在生活中也会更加勇敢。信心完全是训练出来的，而不是天生就有的。你所认识的那些能克服忧虑，无论身处何地都能泰然自若、充满信心的人，都是磨炼出来的。

要想建立起信心，首要的一点就是要充分认识到自己的长处。一个人只有学会欣赏自己，才能充满力量。另外，就是充分利用这种长处。自身的长处是我们的资本，我们只有将其转化，才能实现人生的最大价值。

再就是学会赞美自己。当然，谦虚是人类的美德。但是，谦虚也是在承认自己价值的基础上所表达出的一种行为。如果没有"承认自己"这个前提，那么就不是谦虚，而是自卑了。

一个没有自信的人，就会对未来感到害怕。对未来感到

　　恐惧还会使人麻痹，令你失去活力和面对困难的勇气。你必须学会及时将这些不良情绪清除，建立起信心。信心的建立需要一个很长的过程，需要我们在生活中慢慢地培养。

　　其次，加强体育锻炼。一个体质好的人承受压力的能力也就越强，因此在面对困难时也就更能保持一个良好的心态。就像革命战争时期，无论环境多么恶劣，我们的先辈们却仍然坚持锻炼身体一样。因为他们明白一个道理：身体是革命的本钱。相反，一个体质弱的人其承受压力的能力也就越弱，因此在生活中也就少了许多勇气。因此，我们要注意加强体育锻炼，增强自己的体质，提高心理承受能力。

　　最后，多参加一些具有挑战性或冒险性的运动，例如登山、跳伞、冲浪等。我们可能有过这样的经验，那些喜爱冒险运动的人在生活中也会很勇敢。这是因为恶劣的环境激发了他们的勇气，而这些也会在他们的生活中得以体现。所以，可以使自己有意识地从事一些具有挑战性的活动，这种方法往往很有效，久而久之，你也会慢慢地变得勇敢起来了。

　　生命，有如无限丰富而又深不可测的大海。而我们便生活在这浩瀚的大海之间。如果你能够应用你心智的定律，以和平代替痛苦，以信心代替畏惧，那么在生活中，你将所向披靡。

在挫折和失败中奋起

现实的生活中，有大部分人面对激烈的竞争时，常常显出措手不及的惊恐状，在他们的心里总是有着这样的想法，"我能打倒他吗？""我比他有实力吗？"等等。他们在面对强手始终觉得自己是一个弱者，所以，随时都有可能被迫地退出人生舞台。

一个人的成功是靠努力、拼搏、坚持、奋斗而来的。看看我们身边的人和事，我们就能发现，很多得到成功的人都是通过自己的刻苦和努力而改变了自己，从自己的身上找到了自己的特长，最终走向了成功。海伦·凯勒和居里夫人就

是其中的典范。

海伦·凯勒在老师的帮助下，克服了身体上的残疾，以惊人的毅力面对困境，最终寻求到了人生的光明。

说起海伦·凯勒的遭遇，我们没有人能不感动，没有人能不佩服她的精神。

海伦·凯勒出生在一个富裕、快乐的家庭中，可是她很不幸，她又瞎又聋，无法感受亲人的关爱，也不能体会人生的欢乐，用一句话来说，就是她只能在无声无色的童年坟墓周围徘徊。可是，海伦·凯勒的精神让她改变了自己，她用勤奋来寻求心灵的光明，经过她努力的坚持，最终以微笑战胜了人生道路的坎坷，创造了人类历史上的奇迹。

对于海伦·凯勒的成功来说，有一部分人会认为海伦之所以能一举成名，是依靠人们的同情与怜悯。可是事实并非如此，她的成功是经过她的努力得来的，她经过许多的挫折，从小时候命运带给她的挫折，让她陷入困境，到后来在努力学习中遇到的无数挫折，但她依然是微笑着坦然面对坎坷，也正是因为这些挫折，所以海伦·凯勒比其他人更加坚强，更加努力。

我们所知道的女科学家居里夫人，她的成就不是任何人

都可以相比的，她曾经也遇到过挫折，而她的挫折也是别人无法相像的。当她克服重重困难，通过努力学习，认真研究，攀登上了科学高峰时，她的丈夫皮埃·居里却死了，丈夫的死给她带来了巨大的打击，可她为了完成丈夫的遗愿，继续钻研，将悲痛埋藏在心底，最终为人类做出了巨大的贡献。

这些伟人的经历及成功的经验告诉我们，只有我们在面对困难时，知难而进，才能有所成就，才能在关键时刻爆发并喷发出无以比拟的巨大力量，推动他们克服困难，成就心中所愿。从上面的例子中，我们还看到了生活中的失败挫折既有不可避免的负面影响，又有正面的功能。它可使人走向成熟、取得成就，也可能破坏个人的前途，但是关键在于你怎样去做，是坚持下去，还是半路退缩；是努力奋斗，还是懒懒散散。

有一个不幸的男孩，刚出生的时候就被诊断出了患有先天性的小儿脑瘫。因为他大脑一部分失去功能，导致整个下半身没有一点知觉。这个孩子一出生就注定要在轮椅上生活一辈子。虽然他的身体和正常人相比有很大的缺陷，可是他的内心和正常人是一样的。他也有自己的理想和未来，从小爸爸就教育他要学会勇敢地面对困难，不要感觉到自卑，只

要付出努力一定会有一个美好的人生。小家伙在爸爸的鼓励下一点点地成长。

有一天爸爸妈妈都没有在家，当他睡醒后发现家里只有自己一个人。他想去厕所可是又没有人帮助他，最开始他大声地喊爸爸妈妈，可是一直没有人回答，他们一定没在附近。小家伙突然有了一个想法，那就是用自己的力量爬到轮椅上，解决上厕所的问题。于是他拼尽全力挪动自己的身体，利用上肢的力量成功地爬了上去。他用自己的力量完成了这件一直都是靠别人帮助才能完成的事情。爸爸妈妈回来发现小家伙做的这件事情后，感到无比吃惊。他们仿佛看到了自己孩子的未来……从这次以后，每次上厕所都是他自己独立完成的。时间一天天地过去了，小男孩不断地尝试着做很多事情，一旦他取得成功，就再也不会去麻烦别人。

转眼间小男孩到了上学的年纪，在父母正在探讨是把孩子送到残疾学校还是正常学校的时候，小男孩主动地要求，自己想去普通的学校，他想和大家一样过正常人的生活。没过多久小男孩就收到了一家在当地很有名气的学校的录取通知书。

对于这个小男孩来说，想和其他人过一样的生活，是一件很难的事情。这需要他不断地向自己发出挑战，战胜周围环境给他带来的困难。虽然在刚入学的时候别人会向他投来怪异的眼光，可他并没有一点退缩的想法，他时刻都记着爸爸的教导，在遇到困难的时候要学会坚强，要拿出勇气去战胜困难。经过小男孩不断的努力，周围的人开始慢慢地改变了对他的看法，他们被小男孩的坚强打动了。还有很多同学和他成了好朋友。

小男孩长大后和正常人一样去找工作，虽然他遇到了很多困难，可他一定不会在意，因为小的时候遇到的一次次困难早就已经把他的意志力磨炼得足够坚强了。不管再遇到什么样的麻烦他都会坦然地面对，然后去战胜它。小男孩坚强的意志力帮助他克服了种种困难，最终他找到了合适自己的工作，他可以和正常人一样完成工作，甚至有时候比有些正常人完成得还要出色。

在上面的例子中，我们得到了一些启示，在我们的生活中，无论我们做什么事情，只要具备了勇于向困难发出挑战的精神，那么我们就能激发自己的潜能，在挫折和失败中奋起。

决不向困难低头

　　每个人都会遇到困难，对于想要摆脱平庸、立大志成就事业的人来说，在困难面前要勇于进取、勇于面对是一种必不可少的精神，同时也成为每一位成功者为事业、信仰而努力奋斗的具体体现。

　　人的一生不可能是一帆风顺、一路平坦的，如果真的有这样的人，那他也并不快乐，因为他失去了做人真正的意义。由于在我们生活中会遇到许多坎坷和困难，所以我们需要勇敢去进取、去面对，若不去正视与克服，这些关隘就会彻底地堵塞通往成功的大路，而克服这些困难就需要我们具

备这种知难而进的精神，如果具备了这样的精神，那么通往成功的必经之路就为我们打开了。

一些人空有一身的才华和远大的理想，却一生都没有成就。一部分原因就是他们没有战胜困难的勇气。在每次遇到困难的时候他们都不敢勇敢地去面对，就连尝试的勇气都没有。他们害怕失败，这些人觉得自己这样的优秀，一旦失败了就会招来别人的讽刺，就会失去原有的形象。所以他们连面对困难的勇气都没有，就更别说去战胜困难了。这样的人永远都不可能会取得成功。我们不但要拥有面对困难的勇气，还要勇敢地去战胜困难，决不在困难面前低头。

当我们面对困难的时候一定要拿出勇气积极地去面对，只有敢面对困难的人才可能有机会战胜苦难，如果一个人每次遇到困难都选择逃避，那么他就连体验失败的机会都没有。只要我们勇敢地面对它，不去在意周围环境给我们带来的任何影响，那么当你战胜困难的时候就会发现，其实它并不是一件可怕是事情，你完全有能力去战胜它。

有一处山势险恶的大峡谷，两面都是悬崖峭壁，下面是奔腾的水流。要想从这里通过，唯一的一条路就是峡谷上面的一座吊桥。这座桥看上去并不是很安全，只是用几块木板简单搭建而成

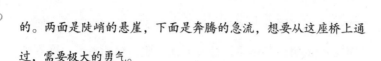

的。两面是陡峭的悬崖，下面是奔腾的急流，想要从这座桥上通过，需要极大的勇气。

一个聋哑人和一个正常人同时来到了桥头，聋哑人因为听不见峡谷下面奔腾的水流和耳边呼啸大风的声音，所以并没有对这些感到恐惧。而那个正常人却不一样，他被水流声和呼啸的大风吓坏了，两条腿都有些发抖，但是眼前的桥是唯一的出路，他们别无选择。

聋哑人第一个走上了桥，他扶着旁边的铁链一步一步地往前走。没过一会儿他顺利到达了对岸。回头看了看那个正常人，就继续赶路了。

那个正常人一点点地靠近吊桥，他被吓得满头大汗，两手紧紧地抓着旁边的铁链，越靠近中间桥就晃得越严重，脚下的急流发出"轰轰"的声音，他被吓得两腿发软，再也没有办法前进一步了。他想回去可自己的脚根本就不听使唤，在一阵挣扎后他实在是坚持不住了，脚下一滑就离开了这个世界。

聋哑人能顺利地通过吊桥的原因是他听不见水流的声音，这样就减少了他的恐惧感，当他内心没有了恐惧，便很

轻松地克服了眼前的困难。这个正常人失败的原因就是他被困难表面的恐惧吓倒了。他没办法克服这样的恐惧，最终导致他失去了生命。

　　在我们生活和工作中也是一个道理，有很多困难只是存在于表面，如果你鼓足勇气去克服去战胜它们，就会发现其实你面对的困难并没有自己想象得那么可怕，你完全有能力去战胜它。当我们遇到困难的时候千万不要退缩，也不要让自己的内心产生恐惧，勇敢地去面对它，决不向困难低头。

拼搏

　　逆境和挫折可能使懦弱者陷于怨恨、消沉和灰心的情绪中而不能自拔，甚至完全屈服于逆境；但对于信念坚定、意志坚强的人来说，逆境和挫折会成为激发自己有所作为的神奇力量，所谓"艰难困苦，玉汝于成"，只有在逆境中不气馁、敢于拼搏、奋勇当先的人，才能开辟出通往胜利的道路。

　　每个人的成功都离不开冒险和挑战，如果这个世界上没有挑战，就不会有成功。从某种意义上讲，所挑战的困难有多大，那么你获取的成功就会有多大。挑战是成功最基本的前提，如果你拥有一颗勇敢迎接挑战的心，那你注定就不是

一个平凡的人。如果你是一个刚刚踏入社会的人，你需要一颗敢于挑战的心，它可以帮助你取得成功的机会。如果你是一个已经取得成功的人，那你应就需要一颗挑战的心，它可以让你赚取更大收益。虽然每一次挑战不见得都会成功，因为大家知道想要成功只有一颗敢于挑战的心是不行的，可一旦你缺少挑战的勇气，不管你其他的因素有多好都很难走向自己人生的最高点。那些不敢迎接挑战的人还没开始奋斗，其实他们就已经失败了。没有不起风浪的大海，也不存在没有坎坷的人生。挑战困难意味着让我们的生活更加丰富。

世上生存着这样一种鱼，它们无比的聪明。如果你想用一般的手段抓住它比摘下天上的星星还难。它的名字叫胎鱼，胎鱼在水里游动的速度非常快，身上又是透明的，即使它停在那里不动不仔细看都很不容易被发觉。

尽管它如此的狡猾，可还是逃不过那些有多年经验的渔夫。他们有更好的办法来对付胎鱼，其实办法非常的简单，只要在出去捕鱼之前带一根绳子就可以了。两名渔夫各划一条小船拉开一段距离，然后每人拉着绳子的一头慢慢划船，让绳子贴着水面慢慢地靠近岸边。当就要靠近岸边的时候岸上的渔夫就可以收网了，这样他们就会捕捉到狡猾的胎鱼。这是为什么呢？听上去和一般的捕鱼没什么两样，只是多一根绳子而已。没错！就是这根绳子起到了关键的作用，如果没有这根绳子相信在渔夫收网的时候他们不会捉到一条胎鱼。胎鱼有一个致命的弱点，就是它们有些狡猾过分了，只要有一个影子出现在它们面前，它们宁愿去死也不会靠近。绳子的影子透过水面映到了水底，这些狡猾的胎鱼没有勇气穿过影子，只能一点点地被逼向岸边，这时岸上的渔夫一收网，这些狡猾的家伙很轻松地就被捕上来了。

如果这些胎鱼可以挑战一下自己，那么它们就能改变自己的命运。

我们的人生也是如此，也会遇到一些自己认为不可逾越的影子，如果我们做出了和胎鱼一样的选择，那么我们的命运也就会和胎鱼一样走向人生的死胡同。

我们经常会看到这样的一些人，他们对生活没有一点上进心，过一天算一天。他们认为，能够顺其自然随心所欲才是最好的生活方式。但是，如果事事顺其自然就不会得到磨炼自己的机会，那也就不会有所成长，你将永远停在一个无

所事事的人生里。

有很多人希望自己的生活能够平平淡淡，在没有风浪的大海里遨游，可这根本就是一件不可能的事，谁能知道自己未来的命运会是什么样子，你就可以保证大海不会起风吗？当然没有人可以保证。如果我们一直这样顺其自然地活下去，没有一点儿想挑战的心理，那当你真正遇到风浪的时候就会发现自己连一点儿反抗的能力都没有，只能任人宰割。

巴乌斯住在里加海滨一幢暖和的小房子里。

这座房子靠近海边。在不远处有一个村子，里面的人世世代代都靠捕鱼为生。而总会有一些人出去了以后就再也没回来。尽管这样的事情会经常发生，可这里的每一个人都没有向大海屈服，他们仍然继续着自己的事业。因为他们知道想要生活就不可能向大海屈服。

在渔村旁边，竖立着一块石碑。在很久以前这里的渔夫在石碑上刻下这样一段话：纪念在海上已死和将死的人。一天巴乌斯看到了这句话，当时他感觉有些悲伤。有位作家在听他讲述这句话的时候，不以为然地摇了摇头说："恰恰相反，这是一句很勇敢的话，他表明了这里的人们永远不会服输，无论在

任何情况下他们都要继续自己的事业。如果让我给一本描写人类劳动的书题词的话，我就要把这段话录上。但我的题词大致是这样；纪念曾经征服和将要征服海洋的人。"

其实生活就是这样，每个人都会遇到不同的困难和挫折，只要你勇敢地迎接挑战，相信就没有我们征服不了的东西。

每个人都需要勇敢地挑战，如果一个人失去挑战的勇气他就不可能在思想上有所突破。每个人都希望自己有一个好的未来，取得一个辉煌的人生，有些人希望自己可以成为一位名人，有些人希望自己能成为一名富翁。可他们往往都在守株待兔，机会永远不会降临在那些整日就知道盼望和等待的人身上。即使有一天会降临他们身上那也是一种浪费，因为他们根本就没有能力把握住机会。

无论你有多大的才华多大的能力，都不要让自己停下来。每个人都在进步，一旦你停下来就注定会被甩在后面。那么即使有再好的机会摆在你面前，你也没有能力把握住。我们要不断地努力，时刻挑战自己让自己不断地进步，因为只有这样才能把握住自己的命运。

勇敢地迎接每一次挑战，让自己变得更加成熟，让自己的行动更加果断，让自己变得更强，把自己培养成一个伟

大的人。如果你这样去做，相信你的生活一定会有巨大的改变，你一定会取得真正的成功。

正确对待失败

生活在这个世界上的每个人，都不可能逃过失败。因为失败是我们生活中的一部分，它和我们的人生是一个整体，是没有办法把他"切除"掉的。如果一个人的一生没有失败，那他的人生就不是完整的，这样的人想要取得成功是一件很难的事情，也可以说几乎是不可能的。

其实一个人成功还是失败，完全都是由自己决定。对那些真正想要取得成功、对自己的目标充满信心的人，根本就不会有所谓的失败。他们把失败看成是一次磨炼自己，让自己提高能力的机会，把失败看成是成功路上的一块基石。

每一次失败后他们都可以从中吸取教训，让自己变得更加成熟，对于这些对自己理想怀有极大信心的人来说，根本就没有真正的失败。

很多人都追求成功而害怕失败，一旦失败就会表现出一副愁眉不展的样子。实际上，失败并不可怕，关键是你对待失败的态度是怎样的，承认失败的客观性，并不是消极地被失败所左右。我们会失败，不是我们的方向错了就是我们的方法错了，只要我们从失败中总结教训，在一块石头绊倒后，当面对另一块石头时，就能找到正确的应对措施。多犯一些错误后，我们就应该离成功更近了。换而言之，也就是说正确面对失败，失败就会成为成功的基础。

"泰国十大杰出企业家"之一施利华应该算是一位传奇人物了，最先开始，他是一位股票投资者，当他在股票市场无所不敌时，他说我玩够了，我从此要进入另一个行业，于是他转入了地产业。时运不济的他，把自己所有的积蓄和从银行贷到的大笔资金都投了进去，在曼谷市郊盖了15幢配有高尔夫球场的豪华别墅。可是他的别墅刚刚盖好，亚洲金融风暴出现了，他的别墅卖不出去，贷款还不起，施利华只能

眼睁睁地看着别墅被银行没收，连自己住的房子也被拿去抵押，还欠了相当大的一笔债务。

一段时间之内，施利华的情绪低落到了极点，老是在心里问：“为什么一向无所不敌的我，会走上这样的一条失败之路，难道我就这样一生再也无所建树了吗？”

几经周折，施利华决定重新做起。他的太太是做三明治的能手，她建议丈夫去街上叫卖三明治，施利华经过一番思索后答应了。从此曼谷的街头就多了一个头戴小白帽、胸前挂着售货箱的小贩。

很快施利华做小贩、卖三明治的消息传了出去，人们纷纷在说，昔日亿万富翁施利华在街头卖三明治，由于很多人在传，所以在施利华那儿买三明治的人骤然增多，有的顾客出于好奇，有的出于同情。还有许多人吃了施利华的三明治后，为这种三明治的独特口味所吸引，经常来买他的三明治，回头客不断增多。随着时间的过去，施利华的三明治生意越做越大，他也慢慢地走出了人生的低谷。

在1998年泰国《民族报》评选的“泰国十大杰出企业

家"中，他名列榜首。作为一个创造过非凡业绩的企业家，施利华曾经备受人们关注，在他事业的鼎盛期，不要说自己亲自上街叫卖，寻常人想见一见他，恐怕也得反复预约。上街卖三明治不是一件怎样惊天动地的大事，但对于过惯了发号施令的施利华，无疑需要极大的勇气。

人的一生会碰上许多挡路的石头，这些石头有的是别人放的，比如金融危机、贫穷、灾祸、失业，它们成为石头并不以你的意志为转移；有些是自己放的，比如名誉、面子、地位、身份等，它们完全取决于一个人的心性。生活最后成就了施利华，它掀翻了一个房地产经理，却扶起了一个三明治老板，让施利华重新收获了生命的成功。

曾有人问施利华，当他面对失败后，他是如何面对自己的挫败的，如何及时调整自己的心态来面对这一切困难重新开始？施利华说了这样的一段话："我只是把挫折当作是使你发现自己思想的特质，以及你的思想和你明确目标之间关系的测试机会。如果你真能了解这句话，它就能调整你对逆境的反应，并且能使你继续为目标努力，挫折绝对不等于失败——除非你自己这么认为。"

当我们面对挫折时如果能这样想，那么我们会怎样呢？

答案是继续努力，实现自己的目标，当再一次遇到困难时，勇敢地去战胜他。

美国作家爱默生说："每一种挫折或不利的突破，都带着同样或较大的有利的种子。"如果施利华不能正确地去对待失败，那么，他就不会再有后来的成功，也不会再有以往的辉煌。

我在创办公司的时候，强调不欢迎不会犯错误的人。我曾经对我的部下说道："如果你想避免失败，最根本的办法就是：你不去做任何事情。当然这样做你何时也不可能成功，同时不犯错误并不能说明你的水平高、技艺好，而可能反映你根本没有去尝试新的东西。一个人要尝试创新，必须冒着极有可能失败相应增加风险，最成功的创造者往往是那些失败相对较多的人。如果你想取得成功，那么，你就必然要经历更多的失败。"

我在一本书中看到过这样一段话："在失败面前，至少应该有三种人：一种人是无勇无智者，他们遭受了失败的打击，从此一蹶不振，成为让失败一次性打垮的懦夫；一种人是有勇无智者，他们遭受失败的打击，并不知反省自己，总结经验，但凭一腔热血，勇往直前。这种人，往往事倍功

半，即便成功，亦仅是昙花一现；另一种人是智勇双全者，他们遭受失败的打击后，能够审时度势，调整自己的思维方式，在时机与实力兼备的情况下再度出击，卷土重来。所以，成功常常莅临在他们头上。"

"失败乃成功之母"这句话想必大家都已经非常熟悉了，在每个成功的背后都有着无数次的失败，是那些无数次的失败积累在一起，才让我们取得了成功。在生活中很多人惧怕失败，因为他们觉得一旦失败，所付出的种种努力都将白费。其实我们不用把失败看得如此可怕，因为在每一次失败后，我们都会取得进步，可以得到宝贵的经验。在取得成功的道路上这些经验会帮助我们正确地分析每一件事情。只要我们在失败中获取教训，积累经验，那么每一次失败都会更加坚定我们对获取成功的信心。

勇敢地面对困难的挑战

　　每个人都会遭遇失败，其实失败一点也不可怕，可怕的是我们没有向困难发出挑战的勇气。如果我们勇敢地面对失败，把失败看作是一种磨炼自己的机会，那么我们经历的失败越多，内心就会变得越成熟。既然失败可以给我们带来好处，我们也就没有必要去害怕它，要正确认识它，学会在失败中磨炼自己。

　　美国作家布拉德·莱姆曾在《炫耀》中写道："问题不是生活中你遭遇了什么，而是你如何对待它。"每一个胸怀大志的人，都不应该在面对困难的时候选择逃跑和放弃，而

是应该在困难中得到磨炼，从而在失败中崛起、抗争，自强不息地走下去。

很久以前有一支军队出国远征，一次又一次的战斗中他们面对的都是失败，带队的将军也受了重伤。回到营房后他躺在病床上，非常痛苦，几乎已经失去了战斗的信心。可是他想到出征前所有人对他的支持，还是不愿意放弃一点点机会。在养伤时间，他仔细地回忆每一场战胜，慢慢地总结失败的经验，伤好之后他终于获得了胜利，昂首挺胸地回到了自己的国家，得到了国王的奖赏。

其实所有的失败和危机都是我们锻炼自己的一次机会，我们要勇敢地面对，并从失败中磨炼自己找到事情成功的关键，努力去解决它，只有这样我们才能战胜所有困难。

在我们的人生中是没有真正的失败的，只是有些人在遇到困难的时候选择了逃避和放弃，这样我们才得到了失败。很多经历过失败的人都这样说："我已经尝试了，可不幸的是我失败了。"是的，在面对失败的时候，大多数人都会认为自己已经尽力了，只是运气不好，也就很坦然地接受了失败，可是我们有没有想过，一旦你接受了失败，就说明

你已经放弃了你最初的理想，你之前所计划的一切都将白费了，一切都要重新开始，你需要重新打造自己的理想。可我们有没有想过，如果所谓的运气，在给我们带来失败，我们又该怎么办呢？难道一次又一次选择放弃吗？人生又有几次选择的机会呢？如果一次次地选择放弃，选择逃避，你就会发现，你已经老了，已经不是年轻的自己了，有很多你以前可以做到的事情，现在你已经做不了了。最后等待你的是死亡，那才是真正的失败。

威廉·马修斯说："困难、艰险、考验，在我们走向幸福的人生旅途上碰到的这些障碍，实质上是好事。它们能使我们的肌肉更结实，使我们学会依赖自己。艰难险阻也不是什么坏事，它们能增强我们的力量。"诚如斯言，工作中的挑战会增强我们应对困难的能力，获得理想的经验值。

挑战总是在我们能够预料的情况下出现。俗话说：没有一条通向光荣的道路是铺满鲜花的。如果一心只想避免挑战，你便会在它突然到来时措手不及。既然挑战总会出现在我们眼前，我们何不做好积极面对的心理准备，乐于接受它，并把它当作人生不可多得的宝贵财富呢？这样的你才显得自信达观。

一个障碍，就是一个新的已知条件，只要愿意，任何一个障碍，都会成为一个超越自我的契机。锲而不舍地挑战，你便会克服重重障碍，在无数教训与经验中获得满足，并最终达到人生的目标。

那些整天想着怎么样回避挑战的人也许有一天清醒过来，就会发现挑战其实并不可惧，反而能从它的价值中找到可爱之处。

世上万物，没有什么会一帆风顺地长生不老，在我们人生的道路上，无论我们走得多么顺利，但只要稍微遇上一些不顺的事，就会习惯性地抱怨老天亏待我们，进而祈求老天赐予我们更多的力量，帮助我们渡过难关。但实际上，老天是最公平的，就像上面所说的故事一样，每个困境都有其存在的正面价值。

有时候，人所面临的最大挑战正是自己本身。如果你总是败在自己脚下，不肯正视自身的弱点并一点一滴地努力纠正，那么，在进一步的外部挑战中你就会千方百计地回避。长此以往你无法面对逆境，任何不顺心的事都能让你一天的计划落空，并时刻打击你的自信。这种糟糕的局面会一直伴随着你的职业生涯，让你默默无闻，了此一生。

　　所以，相信自己的力量，迈出象征性的一步，乐于在挑战面前表现自己，即使失败也相信从头再来的机会。还等什么呢，也许下一次的挑战便是你实力迸发的机会！

要经得起失败的考验

黄药眠说："要想摘一朵冰雪中的雪莲，就要有爬上高山不怕寒的勇气。"

失败是达成成功的一个必要环节，可往往有许多人害怕失败，想逃避失败。人的一生注定充满坎坷，任何人都避免不了遭受这样或那样的失败，失败的滋味固然是不好受的，但如果我们一味地去害怕、逃避、气馁、灰心，才是最可怕、最可悲、最可怜的。

拿破仑·希尔就曾经对自己的员工这样说过："千万不要把失败的责任推给你的命运，要仔细研究失败。如果你失

败了，那么继续学习吧！可能是你的修养或火候还不够的缘故。你要知道，世界上有无数人，一辈子浑浑噩噩、碌碌无为。只有那些百折不挠、牢牢掌握住目标的人才真正具备了成功的基本要素。我的公司就需要这些为大目标而百折不挠的人。"

是啊，通向成功之路并非一帆风顺，有失才有得，有大失才能有大得，没有承受失败考验的心理准备，闯不了多久就要走回头路了。要知道失败并不可怕，关键在于失败后怎么做。学会正确对待失败的态度，你才能在充满艰辛的征途中勇往直前。

当我们面对挫折时，首先需要控制自己的情感，最重要的是要转变意识，纠正心理错觉。在想不开时换个脑筋变一变，想开一点：为什么倒霉的事情可以发生在别人身上，而绝不该发生在你的生活中呢？毫无疑问，世界上有许多美丽的令人愉快的事情，也有许多糟糕的令人烦恼的事，却没有一种神奇的力量只把好事给你，而不让坏事和你沾边，当然也没有一种神奇的力量把好坏不同的境遇完全合理地搭配，绝对平均地分给每个人。一个人如果能真正认识到自己遇到的不如意的难题不过是生活的一部分，并且不以这些难题的

存在与否作为衡量是否幸福的标准，那么他便是最聪明的，也是最幸福和最自由的人。

愿望不等于现实，在这点上，人生如同牌局。如果你已经遭受苦难和面临意想不到的压力，即使委屈等待，下一步也不一定就会时来运转。如果连续抛10次硬币，每一次都是反面向上，那么第11次怎么样呢？许多人会认为是正面，错了！正面向上和反面向上的可能性仍然一样大。如果没有必然联系、因果关系，那么一件事发生的概率是不受先前各种结果的影响的。

当然，人生之中的挫折大多是难以避免的，但很多人由于心态消极，在心理错觉中导致心理推移这一点上却是自寻烦恼。他们一旦陷入困境，不是怨天尤人，就是自我折磨，自暴自弃。这一切不良情绪只能为自己指示一条永远看不到光明的"死亡之路"。印度诗人泰戈尔说得好：我们错看了世界，却反过来说世界欺骗了我们。

如果你认为困境确实是生活的一部分，那么你在遇到它时沉住气，学会控制自己的情感，凭着勇敢、自信和积极的心态，乐观的情绪，就一定能走出困住自己的沼泽。

第一，你可以考虑自己所面临的压力是否马上能改变，

可以改变的就努力去改变，一时无法改变的就要勇于去接受，这叫接受不可改变的事实

。第二，你再想想，这件不如意的事坏到什么程度？想方设法避免事情变得更糟，避免处境更加恶化。

第三，面对压力，分析原因，通过心理自救，即选择控制自己的情感，并依靠自己的努力和争取别人的理解和支持，去寻求和创造转机，走出压力，并化压力为动力，走出困境。在这个过程中，最关键的问题就是自信主动，善于选择，保持心理的平衡。

在转变意识，纠正心理错觉的问题上，还要注意另一种心理错觉——倒霉的时候只想着倒霉的事，而没有看到自己的生活还有光明美好的一面。

人们常常就是这样，一旦遇到挫折和不幸就容易眼界狭窄，思维封闭，眼睛只是死死盯在自己所面对的问题上，结果把困境和不幸看得越来越严重，以致被抑郁、烦恼、悲哀或愤怒的不良情感压得抬不起头来。由于注意力高度集中在挫折与不幸上，思想和意识就会被一种渗透性的消极因素所左右，就会把自己的生活看成一连串的无穷无尽的绳结和乱麻，感觉到整个世界都被黑暗、阴谋、艰难和邪恶所笼

罩……这么一来，那就只有发出懊恼和沮丧的哀叹了。其实，这是含有严重的歪曲成分和夸大程度的消极意识和心理错觉。我们既不会万事如意，也不会一无所有；既不会完美无缺，也不会一无是处。如果你能随时随地地看到和想到自己生活中的光明一面和美好之处，同时意识到自己面临的难题，遭遇的困境，别人遇到的甚至比自己的更严重，那你就能选择控制自己的情感，保持心理平衡，从某种烦恼和痛苦中解脱出来，并且有可能获得新生，会照样或更加自信而愉快地生活。

因此，在坚持到底的过程中，绝不轻言放弃，但要学会暂时放手。也就是说，当你遇到重大的难题时，不要马上放弃，你可以先放下手中的工作，透透气，使自己的思维放松，当你回来重新面对原来的问题时，你就会惊奇地发现解决问题的答案会不请自来。适当的放松可以使你的头脑更加冷静，从而为力挽狂澜打下坚实的基础。

同时，千万不要幻想一夕的成功，因为那是不可能的。每个成功者的背后都是无数次失败的惨痛经历。如果你是一个刚刚加入公司的新职员，你将面临的是一个全新的世界，这需要你的耐心和坚持，才能汲取经验，在反复的失败与总结中，才能不断地获得阶段性的成功。其实，任何学习都要经历这一过程。

　　真正的成功者能在眼前的失败中激励自己，做一个强者，明了生命的意义。能够耐得住困难的考验，勇敢地面对现实中的失败，你就会成功。而当你成功的那一天，你会发觉以前的失败竟成了你的另一种祝福，因为它帮助我们丰富人生。

第四章

超越自我

不断超越自我

　　很多时候，打败自己的不是外部环境，而是自己本身。我经常听到许多人否认自己有追求权力、金钱和成功的需要，因为他们认为这些价值观离他们很远。他们经常叹息自己生不逢时，他们认为如果自己要是生长在一个创造英雄的年代，他们一定会是英雄。然而，当我对他们说："你现在不是生存在一个创造精英和企业家的年代里吗？你为什么不去想做一个精英和企业家呢？"结果他们露出一丝苦笑说："我的出身决定了我现在的地位，我还有什么追求呢！"听完他们的回答，我无言以对，但我知道，是他们刻板的角色

限制了他们的发展，如果我们能把这种刻板的角色打破，我们就有更多的机会来追求自己的个人价值。

　　春天到了，两粒种子躺在土壤里对话。第一粒种子说：我要向自我挑战，努力拱出地面，将根深深扎入土壤；我要"出人头地"，让自己在大自然中迎风而立，大声歌唱生命的高贵。让我在有限的生命里得到阳光和雨露的眷顾，即便我会在秋天枯萎，但我会因为收获而感到充实。第二粒种子说：我有土地的保护不是很好吗？如果我用力钻出地面，定会伤到我脆弱的茎心；如果我向土壤里深深扎根，可能会碰到硬硬的石头；如果幼芽长出，可能会被昆虫吃掉；我若开花结果，到秋天就会死掉。我看我还是待在土壤里面最安全。结果是：第一粒种子茁壮成长，第二粒种子很快就腐烂了。

　　如果你勇于挑战自我，就会像第一粒种子那样，在有限的生命里尽情享受人世间的快乐；如果你缺乏自我挑战的勇气，你就会像第二粒种子那样在泥里腐烂至死。其实，人生就是一个不断挑战自我的过程。

　　霍金，是21世纪享有国际盛誉的伟人之一。他是剑桥大学应用数学及理论物理学系教授，当代最重要的广义相对论和宇宙论家。20世纪70年代他与彭罗斯一道证明了著名的奇

性定理，为此他们共同获得了1988年的沃尔夫物理奖。他因此被誉为继爱因斯坦之后"世界上最著名的科学思想家"和"最杰出的理论物理学家"。他还证明了黑洞的面积定理。霍金的生平是非常富有传奇性的，在科学成就上，他是有史以来最杰出的科学家之一。他担任的职务是剑桥大学有史以来最为崇高的教授职务，那是牛顿和狄拉克担任过的卢卡逊数学教授。他的代表作是1988年撰写的《时间简史》，这是一篇优秀的天文科普小说。该书想象丰富，构思奇妙，语言优美，一出版即在全世界引起巨大反响。

可是，谁能想到这样一位杰出的人物，居然是一个残疾人，一个不能写，甚至口齿不清，只能通过手指或者口形变动让机器产生感应来工作或是与人沟通的人。1962年，在霍金20岁的时候，他患上了卢伽雷氏症（肌萎缩性侧索硬化症）。但他身残志不残，克服了种种常人难以想象的困难而成为国际物理学界的超级新星。他不能写，但他超越了相对论、量子力学、大爆炸等理论而迈入创造宇宙的"几何之舞"。尽管他那么无助地坐在轮椅上，他的思想却出色地遨

游到广袤的时空，解开了宇宙之谜。

霍金不仅创造了科学的奇迹，也创造了生命的奇迹。很多时候，我们缺少的不是成功的条件，而是自我挑战的勇气和战胜自我的毅力。勇于挑战自我，生命将会绽放出缤纷的色彩。

有个故事叫"希尔接受了挑战"。这个故事讲的是1908年，年轻的希尔去采访"钢铁大王"卡内基。卡内基很欣赏希尔的才华，并对他说："我给你个挑战，我要你用20年的时间，专门研究美国人的成功哲学，然后提出一个答案。但除了写介绍信为你引见这些人，我不会对你做出任何经济支持，你肯接受吗？"

希尔坚信自己的直觉，勇敢地承诺"接受"。

接着，在此后的20年里，希尔遍访美国最成功的500名著名人士，写出了震惊世界的《成功定律》一书，并成为罗斯福总统的顾问。

希尔后来回忆此事时说："试想，全国最富有的人要我为他工作20年而不给我一丁点报酬。如果是你，你会对这个建议说是抑或不是？如果'识时务'者，面对这样一个'荒

谬'的建议，肯定会推辞的，可我没这样干。"

所以，一个人只要敢于挑战自己，就会有卓越的人生。一个人梦想越高，人生就越丰富，做出的成就就越卓绝；梦想越低，人生的可逆性越差。也就是人们常说的：期望值越高，达成期望的可能性越大。

在现代社会中，我们每天都在面对无数的可能，面对无数没有先例的挑战。没有什么是想不到的，没有什么是做不到的，也没有什么是不可能的。不断挑战自我，不断发掘自己的潜力，已经成为当今社会一大主流，一种为年轻人所崇尚的生活方式。

娜娜在一家大型建筑公司任设计师，常常要跑工厂，察现场，此外，还要为不同的老板修改工程细节，异常辛苦，但她仍主动去做，毫无怨言。

虽然她是设计部的唯一一名女性，但她从不逃避强体力的工作。需要爬20多层的楼梯时她毫不犹豫，需要去野外时她也面无惧色……总之，她从不感到委屈，反而感到自豪。

有一次，老板安排她为一名客户做一个可行性的设计方案，只给三天的时间。这是一件在别人看来很难完成的任

务，但娜娜接到任务后，没有退缩，而是勇敢地接受了挑战。当天下午，看完现场她就开始工作了。在三天时间里，她都在异常紧张的状态下度过：她四处查资料，虚心向他人请教。她食而无味，夜不能寐，满脑子都在想着如何把这个方案弄好。

三天后，当她带着布满血丝的眼睛把方案交给老板时，得到了老板的肯定。因为她做事认真负责，积极主动，勇于接受挑战，老板提升了她，并给她涨了几倍的薪水。

后来，老板告诉她："我知道你时间紧，但我们必须尽快把设计方案做出来。如果你当初不接受这个挑战，我可能把你辞掉，因为公司需要的是能够在关键时刻接受挑战、解决问题的人。没想到，你不仅接受了挑战，而且出色地完成了任务。我很欣赏你这种工作认真负责、积极主动又敢于挑战自我的人。"

当今世界发展迅速，每个人都面临着一个非常严峻的现实：如果止步不前，满足于现状，你就丧失了创新能力，就会失去自己的立足之地，最终被社会所淘汰。而创新是人类发展的主要源泉，要想创新，首先要挑战自我。

　　在平凡的生活中，我们总是不断地重复单调的步伐，也许正因为这样，我们始终在一个地方徘徊，没有进步的迹象。这是为什么呢？一位哲学家一针见血地指出："一个人缺少了挑战意识，他的生活永远得不到改变；一个社会缺少了挑战意识，这个社会永远不会前进。"人的一生是一次无法回头的旅行，"不敢冒险就是最大的风险"，它将使危险加速而至。在工作中也是一样，如果你总是安于现状，那么你将永远无法走出平庸的角色，甚至有被淘汰的危险。因此，如果想拥有不平凡的人生，就一定要懂得挑战自我，超越自我。

战胜自己

　　有一个生物实验是这样的：把一只青蛙放进装有沸水的锅里时，青蛙会马上跳出来。但把一只青蛙放在另一个温水的锅里，并慢慢加热至沸腾，青蛙刚开始时会很舒适地在杯中游来游去，等到它发现太热时，已失去力量，跳不出来了。这就是著名的"温水煮青蛙"效应。

　　这个实验一方面告诉我们：大环境的改变会对我们的成功与失败起到很大的作用，大环境的改变有时是看不到的，我们必须时时注意，多学习，多警醒，并适时地改变自己，挑战自我。另一方面提醒我们：太舒适的环境往往蕴含着危

险。习惯的生活方式，也许对你最具威胁。要改变这一切，唯有不断地接受挑战，打破旧有的模式，实现自我的超越。

范光陵是台湾的电脑专家，他在美国获得多个学位，如美国得斯顿豪大学的企业管理硕士、犹他州州立大学的哲学博士学位。可是后来他又去专攻电脑，并获得了极大的成就。他出的一本叫《电脑和你》的通俗读物，畅销于台湾和东南亚各个地方，他还举办讲座，召开电脑国际会议，发表电脑演讲等等行为，为电脑知识方面做出了很大的贡献，为此他还得到了泰国国王、英车皇家学院的奖励。

然而，我们许多人都只是看到了范光陵成功的正面，没有看到他的背面。范光陵刚到美国时，他是靠打工吃苦才生存下来的。刚到美国时，他在一家饭店里打杂，好多烦琐的事都由他来完成。对于他来说，那段时间里，洗饭、切菜、倒垃圾、打扫厕所等等事情都是他一个人加班完成的。每天别人休息了，他还得忙碌地工作着。

曾有一些日子，他的口袋里一分钱都没有，肚子饿了就喝清水，晚上没睡觉的地方就睡公园或桥洞里。但他仍然不停地努力着，他努力着想找出一条路来。功夫不负有心人，

他确实成功了，经过努力他终于找到了一条属于自己的路。

事实也正是如此，世界上的事，从来都是付出多少，收获多少的。怕吃苦，图享受是什么事也做不成的，看看身边那些成功的人，他们哪一个不是经过努力换来的。

要做出成就，必然要付出比别人多几倍的努力，许多失败者既不缺少情商也不缺少智商，但他们往往缺少了比别人多吃苦多努力的精神。这不是其他人的错误，而是他们自己的责任，如果他们能每天多努力一点，多奋斗一点，那么，他们就会养成吃苦耐劳的精神。

这就是说，只有我们不断地战胜自己，才能不断地走向成功。

劳埃德·道格拉斯的《伟大的执着》一书情节独具特色，它通过一种十分有趣的方式揭示了一位拥有舒适生活的年轻人是如何掌握在实际社会生活中成长的奥秘的。他家境富裕，从小过着一种娇生惯养毫无意义的生活，但一次事故却带给他很大的震动……一次他出去游玩，在游乐园里租了一只小船，他高兴地划到了湖中间，忽然起了大风，他的小船翻在了湖里，他也不省人事。经过一段时间后，他醒了过

来，他恢复知觉后发现自己没有被淹死，而是活了过来，可是他不知道的是，他能活过来完全在于那台从一位世界著名的脑外科专家的别墅中匆匆取来的一个人工呼吸器。虽然他的生命得到了拯救，可是为他提供了人工呼吸器的脑外科专家却死了，因为这个脑外科专家有一种突发病，当这种病发生时，需要人工呼吸器来维持他的呼吸，但这个人工呼吸器让这个年轻人用了，所以他死了。这个本可以挽救其生命的人工呼吸器，却被用于挽救这个废物的生命。

一段时间后，这个年轻人知道了这件事，在意识到他对这位世界著名的伟大人物的死负有间接的责任后，他终于下定了决心要成为一个和死去的脑外科专家同等能力的脑外科专家以此来填补这个伟大人物的位置。这个决心使他变得执着，最终，他达到了自己的目标。

后来，这个年轻人为了感谢给予他生命的老人，用了很多时间来帮助一些需要得到帮助的人，这让很多人通过不同的方式从他那里得到了帮助，对一些人他给予金钱上的资助，对另一些人他在时间上给予帮助，而对其他人他则用自

己的技能来帮助他们。

无须再言，他是乐于这样做的，但通常他都让他们答应自己一个条件：在他有生之年，绝不要揭示自己帮助别人的这个事实。他的原则一直是把自己拥有的给予那个为他而死去的脑外科专家。

后来，得到了这位年轻人所帮助的人们，也胸怀伟大的执着，实践着同样的原则，为获得同样的成功而艰苦奋斗。

从这个故事里我们可以看到，在我们的生活中，只要我们敢于做一个自胜者，敢于直面人生，我们就能走向成功。看看那些成功的人士吧，在他们的奋斗历程中，他们何尝又不是在战胜自己呢？他们何尝又不是在用"不怕做不到，就怕想不到""思路决定出路""标杆学习""拼搏精神""经营智慧""学习型企业"等精神理念来激励自己的呢！也许正是有了这样的精神，他们才最终取得了成功。

挖掘自己的潜能

　　人是自然界最伟大的奇迹，一旦意识到自己的潜能，便会焕发出前所未有的生活热情与勇气。每个人都能成功，每个人体内都具备成功的潜能，尽情发挥这股力量，成功就会紧随而至。潜能是激发我们走向成功的力量，只要我们敢于挑战自己，敢于付出，理想一定会变为现实。只要我们在思想上、身体上、行为上、意识上都掌握迈向成功的策略，并且长久地保持这种状态，不断地采取行动，发挥自己所有的力量，释放内心无比的力量，我们就会开发出巨大的潜能，就会瞬间改变生命，并且持久地带来变革，取得人生中想要

的成就！

　　每个人都像一粒深埋土里的金子，在土里发光只有它自己看得到。当你把它挖掘出来时，它的光比在土里更加灿烂。如果你不去把它挖掘出来，那么金子永远也不会发光。我们每个人心中的潜能也一样，只有你去慢慢地挖掘培养，才能发出应有的光芒。

　　谁都不知道自己拥有多大的潜能，许多科学家认为，人类的大脑只展现出其中一小部分的潜能，而大部分都还处于沉睡的状态。虽然这些沉睡的潜能我们无法将其唤醒，但是我们可以将自身已经醒来的潜力完全发挥出来。

　　自我超越，打开沉睡心中的潜能，每个人都隐藏着很多充沛而未开发的潜能。当你把这些潜能挖掘出来时，你自己的力量也就强了起来。

百折不挠

　　爱默生说："伟大高贵人物最明显的标志，就是他坚定的意志，不管环境变化到何种地步，他的初衷，仍然不会有丝毫的改变，而终将克服障碍，以达到所企望的目的。"

　　跌倒了再站起来，在失败中求胜利。无数伟人都是这样成功的。

　　爱尔兰腰缠万贯、拥有豪宅的高尔文出身于农家，年轻的时候是一个身强力壮的农家子弟，他在生活中充满进取精神。第一次世界大战以后，高尔文退役回家，在威斯康星办起了一家公司。可是无论他怎么卖劲折腾，公司产品一直打

不开销路。有一天，高尔文离开厂房去吃午餐，回来只见大门上了锁，公司被查封了。

1962年他又跟合伙人做起收音机生意来。当时，全美国的收音机行业刚起步，数量不多，预计两年后将扩大一百倍。但这些收音机都是用电池做电源的。于是他们想发明一种灯丝电源整流器来代替电池，这个想法本来不错，但产品还是打不开销路。眼看着生意一天天走下坡路，似乎又要停业关门了。高尔文通过邮购销售办法招揽了大批客户。他手里一有了钱，就办起专门制造整流器和交流电真空管收音机的公司。可是不出三年，高尔文还是破产了。这时他已经陷入绝境，仅剩下最后一个挣扎的机会了。当时他一心想把收音机装在汽车上，但有许多技术上的困难有待克服。到1963年底，他的制造厂账面上已经净欠374美元。在一个周末的晚上，他回到家里，妻子正等着他拿钱来买食物、交房租，可他摸遍全身只有24块钱，而且全是赊来的。

最后经过多年坚持不懈的努力，高尔文取得了令人瞩目的巨大成功。

　　高尔文的成功源于他对事业毫不松懈的追求，一股不服输的超人勇气。经受挫折，对成功太重要了。

　　挫折与失败并不能保证你会得到完全绽开的利益花朵，它只提供利益的种子，你必须找出这颗种子，并且以明确的目标给它养分栽培它，这样，他才能开出绚烂的花朵。

　　我国伟大的革命先行者孙中山先生曾经说："吾志所向，一往无前，愈挫愈勇，再接再厉。"他为了中华民族的革命事业，经受了多少磨难，又受到多少军阀的政治迫害。正如他所说：他越挫越勇。他为中国人民做出了杰出的贡献。

　　挫折最能考验一个人的心态了，不同的心态，就有不同的结果。有的人表现得很脆弱，以为从此天就塌下来了，唉声叹气，不思进取，当然也就不会有什么进步。有的人认为："天将降大任于斯人也，必先苦其心志，劳其筋骨，饿其体肤，空乏其身，行拂乱其所为，所以动心忍性，曾益其所不能。"他们用圣贤孟子的话来激励自己，他们越遇挫越勇，坚忍不拔，能够取得最后的胜利。

　　人无论做什么，都要好好把握自己，不要轻言放弃，因为好的东西总要花费一番代价才能得到。你若采得玫瑰，必须得经受住花刺带来的阵痛，如果你怕花刺痛，那么你就不

要采撷。你若想吃樱桃，你也必须好好栽培樱桃树，如果你怕樱桃难栽，那么就别动吃樱桃的念头。你若想采得灵芝，你也必须翻山越岭、攀登悬崖峭壁。如果你怕攀登，那么你就不会有得到名贵灵芝的想法。

其实，人作为自然界中最高级的动物，在征服自然、创造自然的过程中，克服了多少困难，如果遇到困难就退避三舍的话，或许我们和其他动物就没什么本质的区别，或许我们还过着茹毛饮血的生活。正因为我们人类有着高超的智慧，才带来了现在高度的物质文明和精神文明。

以后，社会会进一步发展，势必会向更多的领域挑战，我们人类还有很多求知的领域，还有很多解不开的谜。这些都需要人类去探索、研究和发现。人类难免要遇到一些挫折和困难，面对挫折和压力，有人选择逃避退却，有人则越挫越勇。只有愈挫愈勇的人方会发现自然界未被发现的奥秘，才会让人们永远纪念。

战国时期的越王勾践在沦为阶下囚时，不忘卧薪尝胆以积蓄力量，终于在20年后一举消灭吴国。曾国藩在评定太平天国的过程中也是这样，几次大败，急得曾国藩想自杀。在他给咸丰的奏折中，说自己屡战屡败还是打垮了太平天国。

美国著名诗人惠特曼的《草叶集》写出来后，曾先后被几十家出版社退稿，但他对自己的作品充满信心，越挫越勇，最终使它得以面世，为世界文学宝库增添了新的瑰宝。

这些古今中外的有力事实告诉我们，面对人生挫折，唯有那些意志坚强、顽强拼搏的挑战者才能够在奋斗过程中创出新的辉煌。无数的成功者告诉我们：任何一个成功的事实都无一例外地要经历一次又一次的失败，所有成功的人生，也都是一个不断自我调整、自我塑造、自我完善的过程。正视这些问题，把挫折当成人生的垫脚石，会让你越走越勇，绝不轻言失败。

做最好的自己

一位哲学家告诉我们：一个人只有确定自己在生活中做最好的自己，才会越来越接近成功，直至最终的成功。他说："财富、名誉、地位和权势不是测量成功的尺子，唯一能够真正衡量成功的是这样两个事物之间的比率：一方面是我们能够做的和我们能成为的；另一方面是我们已经做的和我们已经成为的。"

同样，每个人的生活都会面临考验我们的信仰和决心的挑战。然而，当挑战到来，我们就会全身心地投入到事业的挑战中去，我们就不会再停留，而是立即采取行动，去与

困难做斗争。这样，无论我们在生活或事业上遇到多大的困难，都会自始至终地用积极、理性的态度去对待，都会用坚定的决心和充足的勇气战而胜之。

巴顿将军有句名言："一个人的思想决定一个人的命运。"不敢向高难度的工作挑战，是对自己潜能的画地为牢，只能使自己无限的潜能化为有限的成就。与此同时，无知的认识会使自己的天赋减弱，不敢挑战自我，甘于做一个平庸的人，这样的人一辈子会像懦夫一样生活，终生无所作为。

巴顿将军在校期间一直注意锻炼自己的勇气和胆量，有时不惜拿自己的生命当赌注。

有一次轻武器射击训练中，他的鲁莽行为使在场的教官和同学都吓出了一身冷汗。事情的经过是这样的：同学们轮换射击和报靶。在其他同学射击时，报靶者要趴在壕沟里，举起靶子；射击停止时，将靶子放下报环数。轮到巴顿报靶时，他突然萌生了一个怪念头：看看自己能否勇敢地面对子弹而毫不畏缩。当时同学们正在射击，巴顿本应该趴在壕沟里，但他却一跃而起，子弹从他身边"嗖嗖"地飞过。真是万幸，他居然安然无恙。

另一次是他用自己的身体做电击的实验。在一次物理课上，教授向同学们展示一个直径为12英寸长、放射火花的感应圈。有人提问：电击是否会致人死命？教授请提问者进行实验，但这个学生胆怯了，拒绝进行实验。课后，巴顿请求教授允许他进行实验。他知道教授对这种危险的电击毫无把握，但巴顿认为这恰是考验自己胆量的良机。教授稍微迟疑后同意了他的请求。带着火花的感应圈在巴顿的胳膊上绕了几圈，他挺住了。当时他并不觉得怎么疼痛，只感到一种强烈的震撼。但此后的几天，他的胳膊一直是硬邦邦的。他两次证明了自己的勇气和胆量。

"我一直认为自己是个胆小鬼，"他写信对父亲讲，"但现在我开始改变了这一看法。"

我们大家都知道巴顿将军毕业于西点军校，对西点学员来说，这个世界上不存在"不可能完成的事情"。不断挑战极限是每个学员的乐趣，只有超乎常人的困境才会让他们从中得到锻炼。

在现实生活中，我们只有具备一种挑战精神，也就是勇于向"不可能完成"挑战的精神，才是我们获得成功的基

础。

　　当然，在挑战自我的过程中，我们需要鼓足勇气，去做自己应该做的事，去充分发挥自己的才干、机智与能力，不以到达终点为最终目的，即使到达终点了也要继续前进，永不休止，勇往直前，不怕失败。尽管在这个过程中会经受人生中所有的艰难困苦，但也要意识到这只是一个过程，只有自己永不言败，永不放弃，向自己挑战，才能走向成功。看看那些颇有才学的人，他们具有很强的能力，而且有的条件还十分优越，结果却失败了，就是因为他们缺乏一种挑战自我的勇气。他们在工作中不思进取，随遇而安，对不时出现的那些异常困难的工作，不敢主动发起"进攻"，一躲再躲，恨不得躲到天涯海角。他们认为：要想保住工作，就要保持熟悉的一切，对于那些颇有难度的事情，还是躲远一些好，否则，就有可能被撞得头破血流。结果，终其一生，也只能从事一些平庸的工作。

　　我们面对这样的人，能为他做些什么呢？我认为一个人一定要有自己的目标，要有信心，并且要有自己的价值观，只有这样，我们在挑战自我时，才能不断地问自己：我要去哪里？我现在的目标、信仰和价值观在哪里？现在它们

要带我到哪里去？我是否正朝着我想要去的地方前进呢？如果我一直照这样走下去的话，我最终的目的地是哪里呢？所以说，人生最大的挑战就是挑战自己，这是因为其他敌人都容易战胜，唯独自己是最难战胜的。有位作家说得好："把自己说服了，是一种理智的胜利；自己被自己感动了，是一种心灵的升华；自己把自己征服了，是一种人生的成熟。大凡说服了、感动了、征服了自己的人，都有力量征服一切挫折、痛苦和不幸。"

第五章

不要迷失自我

不要迷失自我

　　有两个艺人，一个喜欢模仿，他模仿很多大牌明星。他出色的模仿赢得了很多人的欢迎。另一个则是坚持做自己，他苦苦地练习，下定决心一定要做出属于自己的东西，只有这样他才觉得踏实。

　　一次偶然的机会让彼此都很熟悉的两个人遇到了一起。模仿者觉得自己很出色，他怀着有点儿看不起的语气对另一个说："你最擅长模仿哪一个明星呢？"坚持完成自己作品的那个人回答说："我并不擅长模仿哪一个明星的歌，可你唱的歌有一首是属于你自己的吗？"模仿者听了这句话后有

点不好意思，他的脸涨得通红。

世界上没有完全相同的两片树叶，你有你的特色，我有我的色彩。任何时候都不要因为自己与别人的不同，或者潮流的席卷就随波逐流，迷失自己。现实世界的丰富多彩有着巨大的诱惑力，为了跟从时尚而不断地变化自己的位子是可笑也是可悲的。

即使那些最富有思想的哲学家有时也会说："我是谁？我从哪里来？我又要到哪里去？"事实上，这些问题从古希腊开始，人们就一直在问自己，却一直都没有得出令人满意的答案。

但即使如此，人们都从来没有停止过对这个问题的追寻。也许正是因为如此，人们才会迷失自我，也很容易受到周围各种信息的暗示，并把他人的言行作为自己的参照系。现实中的从众心理就是一个很好的证明。生活中的我们经常会受到别人的影响——那些一个接一个打哈欠的现象就是很好的例子。也许你还记起童年时，我们看见和自己同龄的小伙伴有一件漂亮的连衣裙就会回家缠着父母给自己也买一件；看见别的小朋友有零花钱就希望自己也有一定的资金支配权。等长大了，这种人性的特点也依然存在，并且有的人会越演越烈。这就必然导致有的人在不断的跟从中迷失自己。

　　在日常生活中，人既不可能每时每刻去反省自己，也不可能总把自己放在局外人的地位来观察自己。正因为如此，个人便需借助外来信息来认识自己。个人在认识自我时很容易受外界信息的暗示，从而不能正确地提醒自己。

　　一名著名的杂技师肖曼·巴纳姆兹阿评价自己的表演时说，他的节目之所以大受欢迎，是因为他的节目里每一分钟都包含了人们喜欢的内容，它可以使得每一个人都"上当受骗"。人们认为一种很笼统、很一般的人性描述十分准确地揭示了自己的特点，心理学上讲这种倾向称为"巴纳姆效应"。

　　"巴纳姆效应"在生活中很常见，就以算命的来说吧，很多人在请教过算命先生之后都认为算命先生说得很准。其实，那些求助于算命先生的人本身就很容易受到别人的暗示。因为当一个人情绪低落、失意时，本身对生活的控制力就会大大减弱，于是安全感也会随着减弱。此时的人心理的依赖性会大大增强，很容易受到别人的心理暗示。假设那个算命先生很会揣摩人的心理，见机行事，稍微能够理解求助者的感受，求助者就会感到一种心理上的安慰。算命先生再说一段无关痛痒的话就会给予求助者一点信心，求助者就会深信不疑。

　　每个人都会有从众心理，只是个人的表现不同而已，我们需要做的是在跟从中超越，而不是在跟从中迷失自己。

　　我们可以学习每个人的优点，但不要想把自己变成谁，我们也不可能把自己变成另外一个人，你永远是你自己，你也有别人身上不具备的优点，只要你坚持走自己的路，相信最终取得的成绩也是别人无法取代的。

　　我们刚步入社会的时候，很容易走进一个误区，就是盲目地去模仿那些成功人士。这样做会使我们迷失自我，丢失自己的个性，忘记自己的目标。要知道每个人的自身条件都不同，每个人的性格也都不一样，我们只能学习他们，可千万不要把自己视作别人。每个人都不相同，别人拥有的东西我们可能没有，可我们拥有的东西别人也不一定会有。要记住：每个人成功的方式都不同，之所以世界上有这么多的行业，就是因为每个人的发展方向不一样，他们可以根据自身的优势开辟出一条适合自己的路。

　　所以，我们一定要相信自己有创造属于自己的辉煌的能力，千万不要因为受到外界因素的一些影响就改变自己。只有坚定信念，始终如一地朝着自己向往的方向前进，才能到达成功的峰顶。

根据性格选择职业

　　曾经有位记者采访摩根："决定你成功的条件是什么？"这位投资银行的一代宗师不假思索地回答："性格。"

　　记者再次追问："资金重要，还是资本重要？"

　　"资本比资金更重要，但最重要的还是性格。"

　　最近美国公布了一份权威性调查，显示了美国近20年来政界以及商界的成功人士其智商仅在中等，而情商却很高。而情商的各要素基本上都包含在性格之中。因此，我们所说的性格决定命运有了科学依据。

　　在日常生活中，你会发现周围的人具有千差万别的性

格。有的人诚实、正直、谦逊；有的人活泼、好动、善交际；有的人悲观、孤僻；有的人……在人际交往中，有内向的，也有外向的；在情绪特征上，有的稳定，有的易激动；在意志表现上，有果断、勇敢和优柔寡断之分。个体之间的差异，除了相貌、体型不同外，主要体现在性格特征上。性格反映人的生活，同时又影响人的行为方式。了解自己的性格，把握其变化规律，不仅有助于择业，而且有利于自己创业、立业。因此，在选择职业时，必须充分分析自己的性格特征。

性格与我们的职业有着密切的关系。一个人的职业只有与他的性格气质相符合，才能取得成功，否则，只能白费力气。

有关调查显示，因为性格与职业错位造成职业生涯的一再延误，而频繁跳槽或转职的人占到了大多数。职业顾问认为，职业选择不是冲动的选择，而是理性分析，精心准备，也就是要根据自己的性格有一个职业规划，这样才能使自己的职业生涯按照阶梯式的发展稳步上升。

在生活中，我们会发现这样的现象：有的人选择了老师这一职业却缺乏耐心，有的人选择了营销职业却生性沉稳、不善言辞。他们心中的理想职业与现实的差距令他们感到懊

恼、沮丧，因而也就很难在自己的事业上有所作为。究其原因，主要是因为他们的性格与他们所从事的职业不相吻合，就如一个人所选择的鞋与自己的脚不相适合一样，其中滋味只有自己清楚。所以我们要选择适合自己脚的鞋子——选择适合自己性格的工作。

　　心理学家认为，根据性格选择职业，能使自己的行为方式与工作相吻合，更好地发挥自己的聪明才智和一技之长，从而能得心应手地驾驭本职工作。例如：理智型性格喜欢思考，善于权衡利弊得失，故适合选择管理性、研究性和教育性的职业；情绪型性格通常表现为情感反应比较强烈和丰富，行为方式带有浓厚的情绪色彩，故适宜于艺术性、服务性的职业；意志型性格通常表现为行为方式积极主动，坚决果断，故多适应于经营性或决策性的工作。

　　关于性格对职业选择的重要性，我国古人就有这样的认识。一次，鲁国大夫季康子向孔子打听几个弟子的才干。他问孔子是否可以让有军事才能的子路从政。孔子回答说，子路性格果敢，可为统御之帅。但是，过则易折，所以他并不适合从政。季康子又问到子贡。孔子说子贡为人太过通达，把事情看得太清楚，功名利禄全不在眼下，因而也会因是非

太明而不适合从政。季康子又问到冉求。孔子说冉求在文学方面非常有天分，但是名士气太浓，因此也不适合从政。

可见，连孔子这样的圣人也认为性格与一个人职业的选择有着很大的关系。性格虽然千差万别，但它们之间却存在着一定的共性。如果按照这种分类进行分析的话，我们就可以找到最适合自己的职业。如性格外向之人适合与人打交道的工作；性格内向之人适合稳定性较强的工作；性格勇敢之人适合挑战性较强的工作等。如果找到一份不适合自己职业性格的工作，不但在工作中难以崭露头角，还会浪费我们许多宝贵的时间。

所以，在选定职业之前，除了考虑个人兴趣爱好之外，还要考虑自己的职业性格。只有使自己的职业与我们的职业性格相一致，我们才能事业有成。

一般来说，职业性格可以分为九类：变化型、重复型、服从型、机智型、严谨型、独立型、协作型、劝服型和表现型。

（1）变化型。此种职业性格的人追求新奇和刺激，对周围的变化很敏感，能够很快地适应环境。不喜欢按部就班，追求多样化的活动，善于转换注意力和工作环境。因此，适合的工作有记者、销售等周围环境变化较大的工作。

（2）重复型。此种职业性格的人与变化型性格的人正好相反。他们喜欢安定，环境的突然改变会让他们感到不安。做事喜欢遵循一定的规律性，创新能力不是很强。那种重复的、有规则的工作对他们来说最适合不过了。适合他们的职业有印刷工、纺织工、机床工等。

（3）服从型。这些人喜欢服从命令，会把上级交给的任务处理得很好。但是如果自己独立做事可能就会感到力不从心。因此他们比较适合从事一些辅助性的工作，如秘书、助理、办公室职员等。

（4）机智型。机智型的人在面对困难时能够更好地应对，头脑冷静，临危不乱，不会因为突发状况而乱了分寸。喜欢迎接挑战，因为越是险恶的环境，越能激发出他们的智慧。适合他们的职业有公安、消防员、飞行员、救生员等。

（5）严谨型。此种类型的人思维严谨，注重细节，做事有条不紊。他们能够独立地工作，但是必要时也会加入团队合作。喜欢技术性或是熟练操作特殊类型的工作。此种类型的人对数字也很敏感，讲究实际和准确性。需要有自己的个人空间，可以把纷繁复杂的事物理出头绪。适合他们的职业有会计、出纳、信息处理专家、分析师、经济学家等。

（6）独立型。独立型的人做事爱动脑筋，不喜欢墨守成规，也不喜欢被别人拘束。他们很有思想，在处理事情上更倾向于依靠自己的力量，但这也并不代表他们不会与人合作。只是他们会很有主见，一般不会人云亦云。往往，自己独立完成一件事才会让他们更有成就感。适合此种职业性格人的工作有律师、企业管理人员等。

（7）协作型。协作型的人喜欢与人合作。只有在一个集体中，他的能力才会得到最大程度的发挥。比较顾全大局，性情温和，通常都能与合作方保持一个良好的关系。适合他们的职业有咨询师、社会工作者。

（8）劝服型。此种职业性格的人，比较有主见，而且总是喜欢把自己的观点强加给别人。他们思维敏捷，可以很容易抓住对方的破绽并进行攻击。无论什么事都喜欢与人一争高下，所以有时甚至会遭到别人的厌烦。他们的判断力也很敏锐，喜欢用自己来影响别人。所以，如果从事作家、宣传工作者或者行政人员等工作，定会有不错的成绩。

（9）表现型。表现型的人，具有强烈的表现欲。他们喜欢让自己生活在聚光灯下，喜欢把自己展示出来。头脑也很灵活，肢体语言丰富。为人天真而又率真，很有魅力及说服

力。他们往往会把享受生活放在第一位，所以在工作中显得不是那么尽职尽责，就算是可以把工作做好，一般也是为了表现自己。喜欢交际，对外界的诱惑抵抗能力也不是很强。他们比较适合在文艺界发展，如演员、舞蹈家、歌手、主持人等。

　　职业与性格有着千丝万缕的关系。我们只有理解并掌握自己的性格特点，并从事一份与之相符的工作，才能做到扬长避短，才能让自己在激烈的竞争中找准方向，赢取更大的成功。

坚持自己的主见

在19世纪末，一个小男孩出生在布拉格一个贫穷犹太人的家里。他一天天地长大，可是他的父亲却发现，他虽然是个男孩子，可却没有一点男子汉的气概。他的性格非常内向、懦弱，总是觉得周围的环境会给他带来压迫和威胁。防范和逃避的心理一直缠绕着他，让人觉得他无可救药。

那孩子的父亲对他这一点很恼火，下定决心要用自己的方法把他培养成一个真正的男子汉，希望他能活得硬朗一些。于是父亲开始用粗暴和严厉的方法来改造这个男孩的性格，可经过一段时间的培养，这个男孩不但没有刚强勇敢起

来而是更加懦弱自卑了，他对自己彻底失去了信心。生活中的每一个小细节对这个孩子来说，都是一个不大不小的灾难，就这样他在痛苦中成长着。他整天察言观色，小心翼翼地猜度又会有什么样的苦难降临到自己的身上，他经常躲起来一个人忍受着痛苦。周围很多人都对他不抱有任何希望，都觉得他不可能做出什么成绩来。的确，这样的孩子会让人感到很难过，你指望他成为一名勇士或者是一名将军，那是不可能的事情，也许还没有等到战争开始他就已经成为一名逃兵了。他适合做一名医生吗？估计也不行，他太多的犹豫顾虑会导致他不能果断地行事，这样就会使很多病人错过治疗的最佳机会。

懦弱和内向的性格的确是人生的悲剧。像这样的一个孩子你会相信他以后能有什么作为吗？相信很多人对他都不会抱有太大希望。可就是这个男孩，一个性格懦弱、内向的人，日后却成了世界上最伟大的文学家之一，他就是卡夫卡。

事情超出我们的想象，一个懦弱自卑的人怎么会成为一名伟大的文学家呢？原因其实很简单，是因为卡夫卡找到了适合自己的路，找到了适合自己并且喜欢的事业。

我们都是有着个性特色的个体，因为占据了不同的"位子"，所以，也各有各的风景。能真正活出自己的特色，找到自己"位子"的人是最幸福的人，从心灵的角度去衡量也应该是最自由、最幸福的人。因为许多人很合理地发挥了自己的潜能，也让自己的爱好为自己描画出了职业的蓝图。他们无愧于自己的一生，活得真实、坦荡、自然、自由，不会因外界的诱因和压力改变心灵中那块圣洁的领地。所以，我们都应该有自己的定位，知道自己的路该如何走，而不是以别人的意见为依据。

听取和尊重别人的意见很重要，但无论何时千万不要人云亦云，做别人意见的傀儡，否则，你不但会在左右摇摆不知所往中身心疲惫，失去许多可贵的成功机会，有时还会失去自我。做自己认为对的事，成自己想成的人，无论成败与否，你都会获得一种无与伦比的成就感和自我归属感。正如但丁的那句豪言："走自己的路，让别人说去吧！"

一群孩子正在草坪上踢足球，突然天上飞过一架飞机，卡尔抬头看着天上的飞机，心想在天空飞翔一定特别好，蓝蓝的天空、朵朵白云，是那么的美丽。他突然有了个想法，他想长大后能够成为一名飞行员，在天空自由地飞翔。

就在这时候他的伙伴大声地喊着他的名字说："卡尔，你在那里发什么呆？"卡尔说："快看天上的飞机，长大后我要当一名飞行员，我也要飞上蓝天。""好了，你别在那妄想了，我发誓你这辈子都不会成为飞行员的，快去把足球捡回来。"他的伙伴对他大吼。卡尔没有去捡球，他却在想："为什么他们这么肯定地说我，难道我真的做不了吗？"

卡尔长大后，考上了一所航空大学，也如愿以偿地当上了飞行员。一天，他驾驶着飞机在天空飞翔时候，经过了它小时候居住过的地方，想起他的小伙伴对他曾经说过的话感慨很深……

生命是属于我们自己的，谁也没有权利代替我们做出决断。只要我们坚持自己的信念，做自己的主人，不被别人左右，保持自己的理想，走属于自己的道路，拥有自己的主见，才是最好的选择。

世界上所有的人都有对某件事情的不同看法，都会对某个人的行为提出异议，如果你总是在意这些异议，那你也就迷失了自己该走的路。坚持自己的看法，走自己认为正确的路才是你最好的选择。

有一个寓言说，有一个人和自己的儿子拉着一条毛驴进城，路上遇到很多陌路人，有些人在嘲笑他们。一个跛子说："你看看这对父子，傻不傻，有毛驴也不知道骑，要它干吗，真是白痴啊！"父子俩听了以后觉得有道理，父亲就让儿子骑在驴背上，牵着驴继续走；可是，他们发现还是有很多人在议论，一个老人说："你们看，这个儿子真是不孝顺，也不知道让老父亲骑着，唉，不像话！这个老头儿真可怜啊！"父子俩听了觉得也有道理，就让儿子下来牵着，父亲骑在毛驴上往前走；但是奇怪的是，他们又听到了议论声，一个妇女说："你们快看啊，这个老头子，也不知道疼爱儿子，自己骑着驴，心里怎么过得去！"父子俩听了又觉得有道理，老人就把儿子拉上了驴背，两个人一起骑；可是，人们的议论仍然没有停顿，一个老奶奶说："你们看呀，小小的一头毛驴，哪儿能经得住两个人压呢！哪有这样的人啊，想累死毛驴啊。"父子俩没有办法，只有抬着毛驴往前走；结果，嘲笑他们的人就更多了："哈哈哈，你们看啊，两个神经病，只有人骑驴，哪有驴骑人的，真是有病。"

　　只要一个人做好应该做的事情，就值得称赞。能够使自己无愧于人，知道自己能够做些什么，并义无反顾地去实现自己的目标，而用不着在乎别人的看法和眼光。每个人都可以有自己喜欢的生活方式，做自己喜欢做的事，只要不违反社会的游戏规则就可以，而对于自己，那就是不要给自己留下遗憾，做一个独特的自己。有些人也许会过分在乎别人的存在。但是，你会发现他们因为迁就了别人的意见，结果自己却没有任何成就。因此，你的路永远都只有你自己去走，你的路永远都只有你自己最清楚。

　　如果我们想取得成功，就必须走出一条属于自己的路，贝多芬学小提琴的时候虽然技术并不是很高明，可他宁愿拉自己作的曲子，也不愿做技巧上的改善，他的老师说他绝对不是一个当作曲家的料。

　　歌剧演员卡罗素的歌声想必很多人都听过，他的音乐会享誉全世界。而在他小时候母亲却希望他能当一名工程师，他的老师说他的嗓子根本就不适合唱歌。

　　爱因斯坦4岁才会说话，7岁才会写字。他的老师对他的评价是"反应迟钝，不合群，满脑袋都是不切实际的幻想"，他曾经遭到过退学的命运。

　　最终他们都成了伟大的人物，他们并没有像老师说的那样让人感到没有一点希望。原因就是他们都坚持做自己喜欢做的事，他们没有被任何人左右。

　　不管什么时候我们都要坚持自己的意见，不要让别人来决定我们的人生，只有我们自己最清楚我们该做什么，坚定自己的理想，做自己的主人，我们一定会打造出属于自己的一片天地。

为自己准确定位

　　心理学家马斯洛认为，人的需要共分五个层次：生理的需要、安全的需要、社交的需要、尊重的需要和自我实现的需要。前一种需要的满足是后一种需要产生的条件；人的行为不是由已经得到满足的需要决定的，而是由新的需要决定的。五种需要中，自我实现的需要是最高级的需求，它指充分发挥人的潜能，实现个人的理想和抱负。这是人类最崇高的理想。自我实现需要包括两个方面：一是胜利感，二是成就感。

　　一位大学生经常在报纸上发表作品，从事新闻的天分很高，并且具有很大的潜力。而这位大学生在毕业时却没有选择

从事新闻行业，他觉得新闻工作就是报道一些琐碎的事情，很无聊，没有挑战性。可是五年后，他却不无懊悔地说："老实说，我现在的待遇也不算低，公司也有前途，但我压根儿心不在焉，很后悔毕业后没有去从事新闻工作。"从这位学生的身上我们可以看出，他对于现在的工作心存不满，将来根本不会有什么前途。除非他立刻辞职，从事新闻工作。

如果我们选择了一条不适合自己的道路，走上了一个自己不适合的岗位，那么我们就不可能走向成功之路。正确认识自己，才能正确确定你一生的奋斗目标。只有有了正确的人生目标并充满自信地为之奋斗终生，才能此生无憾，即使不成功，自己也会无怨无悔。

那么，如何找到自己的人生定位呢？在我们的奋斗过程中，我们同样会与某些成功人士产生一种攀比心理，如果这种攀比心理超过了我们自身所承受的压力，我们就会不快乐，甚至轻生，并永远生活在人生的黑暗之中。事实如此，人生中的许多烦恼都源于我们盲目的和别人攀比，而忘了享受自己的生活，忘了找到自己的定位。

小时候，我们的定位多半都会受到父母的影响，因为我们希望认同自己的父母，把父母视为心中的楷模，而父母也

常根据孩子能否接受他们的价值观来奖励或惩罚他们。

　　等到上学时，情况便有些不一样了，我们的定位会随着所受的教育而发生改变，但这时的定位只是限于做一个好学生的圈子里。

　　在离开家庭进入社会时，我们的定位就会随着环境的改变而不断地进行调整：有些事对我们变得比较重要，有些则无足轻重；某些人对我们的重要性超过普通人，有些更变成我们的模范，我们越认同他们，接受他们的某些价值观，也就拒绝了另外一些价值观。

　　正是因为我们有了这么多的攀比和不同的人生定位，我们才会感到找不到方向，我们才会怨叹人生的无奈。但是，只要我们找到了人生的方向，我们还是会发现：许多时候，我们感到不满足和失落，仅仅是因为觉得别人比我们幸运！如果我们安心享受自己的生活，不和别人攀比，生活中就会减少许多无谓的烦恼。

　　所以，只要我们有了一个正确的定位，我们就会发现，我们自身还是充满力量的。正是因为我们身边有时缺少了欢笑，缺少了自律，我们才没有成功，如果我们身边多一些欢笑，多一些激励，我们就会走向成功。

　　然而，当我们发现自己身陷一个前景黯淡的处境时，我们就会迷失方向，却不会更加努力，用更长的时间、更多的精力来加以扭转，让生命白白地消失掉。一个真正的成功人士认为一个人的成功秘诀就是：一刻不停地拼命工作，把工作做得比别人好，名望和财富自然会来到自己身边。但对于我们平常人来说，这不是真实的成功秘诀，我们只有知道自己最喜欢什么和最擅长什么，才能对自己有一个合理的定位，才能做出合理的选择。

　　汽车大王福特自幼在农场帮父亲干活儿，12岁时，他就在头脑中构想用能够在路上行走的机器代替牲口和人力，而父亲和周围的人都要他到农场做助手。若他真的听从了父辈的安排，世间便少了一位伟大的工业家，但福特坚持自己可以成为一名机械师。于是他用一年的时间完成了其他人需要三年的机械师训练，随后又花了两年多时间研究蒸汽原理，试图实现他的目标，但未获成功；后来他又投入到汽油机研究上来，每天都梦想制造一部汽车。他的创意被大发明家爱迪生所赏识，邀请他到底特律公司担任工程师。

　　经过10年努力，在福特29岁时，他成功地制造了第一部

汽车引擎。

所以，一个人的成功在某种程度上取决于对自己的正确定位。如果你在心目中把自己定位成什么样的人，你就是什么样的人。因为定位能决定人生，定位能改变人生。

反过来说，就算给自己定位了，如果定位不切实际，或者没有一种健康的心态，也不会取得成功。一位经常跳槽、最后一无所成的博士生这样感叹，如果能以对待孩子的耐心来对待工作，以对待婚姻的慎重来选择去留，事业也许会是另外一番样子。世界上没有全能奇才，我们充其量只能在一两个方面取得成功。在这个物竞天择的年代，只有凝聚全身的能量，朝着最适合自己的方向，专注地投入，才能成就一个卓越的自己。

同样一个人、同样的能力，在不同的位置就会有不同的表现、不同的结果。找准了自己的位置就像树立起一面飘扬的旗帜，它将指引我们前进的方向，并赋予我们无穷的力量。人生就是这样，只有我们对自己有一个正确的定位，才能成为自己生命的主人，只有我们才能使自己成为自己梦想的人，赢取自己想要得到的东西。

了解自己才能正确选择

生命的快感来源于长途跋涉的过程，天才真正的苦恼不是产生在成功之前，而是产生在成功之后。而一旦得到了仰慕已久的成功，或许会有更多的失落在等着你。通往成功的路不只一条，但每一条路都会有不同的走法，你必须找出你行走的正确路线，这样你才能到达成功的彼岸。

很多人经营一种行业或做一种工作极为成功，但去经营新的行业或做另外一种工作却失败了。这是为什么呢？克里蒙特·斯通认为，这是因为他们凭经验得到技巧，在某一行业中爬升到顶端，但是进入了另一种行业后，他们却不愿意去寻求

新行业所需要的新知识和新经验。同理，也是这种原因导致一个人会在某一项事业中成功，而在另一项事业中失败。

人生在世，没有好的定位就没有宏伟的目标，就做不成任何大事，要想一生取得辉煌的成就，就需要给自己一个好的定位。

著名的生物学家珍妮·古多尔是一位非常善于自我定位的人，她清楚地知道自己并没有过人的才智，但在研究野生动物方面，她有超人的毅力、浓厚的兴趣，而这正是干这一行所需要的。所以她没有去攻读数学、物理学，而是深入非洲森林里考察黑猩猩，终于成了一个有成就的科学家。

所以，每个人都应该努力根据自己的特长来规划自己的人生，量力而行。根据自身所处的环境、条件，以及自己的才能、素质、兴趣等，确定进攻方向。不要埋怨环境与条件，应努力创造条件；不能坐等机会，要自己创造机会；拿出成果来，获得了社会的承认，事情就会好办一些。追求成功者不仅要善于观察世界，善于观察事物，也要善于观察自己，了解自己。

我的爷爷是一个国有企业的管理者，事业极为成功，因为他的建议都是根据企业的发展而提出的。他的问题是："什

静下心来，找回自己

么样的建议对我们的顾客最有利？什么样的建议对我们的企业最有利？"

由于多年从事管理工作，我的爷爷也有了一定的经验，在我爷爷50多岁时，他决定将家迁到六盘水去。因为他知道六盘水的养殖业非常少，他想在那儿干一番事业做一名出色的管理者。爷爷的兴趣很高，居然开了一家占地千亩的养殖基地。他把自己的退休金、多年的存款全都拿了出来，把所有的一切都放在了养殖基地上。然而，这次我的爷爷并没有成功，一年之后基地不能再维持下去了。我的爷爷失败了。

后来我的爷爷曾这样说道："我和那些成功者大手笔地经营一项新行业、而又不愿意获得必需的方法诀窍的情形，可以说没什么不同。如果当时我只是买下养殖基地，把握全局，也许又是另一个局面了。"

我的爷爷是一位有智慧的人，他是管理界的佼佼者，但这并不代表他同样可以成为养殖行业的佼佼者。因为没有哪一行的方法诀窍是相同的，各行有各行的门道。如果我的爷爷能够在搞养殖基地时，像他在国有企业时一样去努力寻找能指引自己成功的方法诀窍，那么他一定不会失败。

有一句话说得不错：条条道路通罗马。我们每个人都有

一条属于自己的路，这条路有许多不同的走法，你要找到你正确的行走路线，这样你才能成功。

有很多时候，我们所寻找的方法诀窍是来之不易的。也许我们历尽千辛万苦，极力寻找，却发现成功好像仍然遥遥无期。我们是就此止步，还是用积极的人生观激励自己再度进取呢？

如果你不相信自己能够做成一件从未有人做过的事，那么你就永远不会做成它。一旦你能觉悟到外力之不足，而把一切都依赖于自己内在的能力时，那就有希望了，而且觉悟要越早越好。不要怀疑自己的见解，要相信你自己，施展你的个性。

能够带着你向自己的目标迈进的力量，就蕴藏在你的体内、蕴藏在你的才能、你的胆量、你的坚韧、你的决心、你的创造精神及你的品性中！

我在一本书上看到过这样的一种观点："每个人都能在任何事业上获得成功，每种工作都能由任何人做好。"这种观点大家都知道这是站不住脚的。显然，一个患色盲症的人要成为画家是不可能的。另一种极端的观点认为，对于每个人来说，都存在着一种最佳的事业取向；对于每一种事业

来说，都存在着一类最佳人选。这种观点也是站不住脚的。事实上，对于具有某种生理、心理特点的人来说，他都可能在若干事业上获得成功。例如，对于一个思维敏捷、长于言谈、性格外向、喜好与人交往、有感染力的人来说，他既可能在政治领域中获得成功，成为一位出色的政治家；他也可能在经济领域中获得成功，成为一位有名的企业家。对于某一种特定职业来说，也可能由具有非常不同的生理、心理特点的人来完成。例如，一个成功的军事家，既可能像苏沃洛夫那样具有暴躁、外向的性格，也可能像库图佐夫那样具有稳重、内向的性格。

因此可以这样认为，只有很少的人可以在几乎一切工作上都能得到满足，获得职业上的成功；只有很少的工作（如马路清扫工作）是任何人都可以胜任的。即使是马路清扫工作这种几乎什么人都可以胜任的工作，也并不能给所有的人（甚至不能给多数人）带来满足感。对于大多数人来说，总有一些事业更适合自己的特点；对于大多数事业来说，也总有一些更适于承担之人。因此，为了获得人生的成功，有必要更多地了解和更准确地认识自己的心理特点，更多地了解自己的长处和短处。

　　不管是从事何种职业的人，都必须认识自己的潜能，确定最适合自己的发展方向，否则就很可能会埋没了自己的才能。

　　人的兴趣、才能、素质等都是因人而异的。如果你不了解这一点，没能把自己的特长利用起来，而你从事的事业所需要的素质和才能正是你所缺乏的，那么，你将会自我埋没。反之，如果你有自知之明，善于设计自己，从事你最擅长的事业，你就可能获得成功。

目标明确

在炎热的一天，一群人正在铁路的路基上工作着，这时，有一列火车缓缓开了过来。他们只好停下工作，火车也慢慢停了下来，最后一节带有空调车厢的窗户打开了，一个低沉、友好的声音传了过来："大卫，是你吗？"大卫·安德森是这群人的负责人，他回答说："是我，吉姆，见到你真高兴。"然后，大卫·安德森和吉姆·墨菲——铁路公司的总裁，进行了长达1个多小时愉快的交谈之后，两人热情地握手道别。

望着缓缓离去的列车，这群人一下子包围了大卫·安德

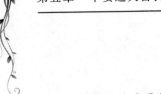

森，他们对于他是墨菲铁路公司总裁的朋友这一点感到十分震惊。大卫解释说，20多年以前他和吉姆·墨菲是在同一天开始为这条铁路工作的。

有一个下属半认真半开玩笑地问大卫，为什么你现在仍在骄阳下工作，而吉姆·墨菲却成了总裁？大卫非常惆怅地说："23年前我为1小时1.75美元的薪水而工作，而吉姆·墨菲却是为这条铁路而工作。"

同样环境下的两个人，一个人是为了薪水，单纯为工作而工作，而另一个人胸怀远大目标，是为了整条铁路而工作。当然最后的命运结局也是截然不同的。

拿破仑说："不想当将军的士兵不是好士兵。"这就告诉我们：只有你把自己定向在将军的位置上，你才能有所追求而成为优秀的士兵，然后才有可能成为将军。

有一位朋友这样说过："如果你能够窥探成功男女的内心，你便会发现丰富的正面精力——成功及富裕的想法，而且毫不犹豫。为了创造外在的财富，你必须先创造繁荣的念头。你必须看见自己成功的模样，成功地在心中演绎出你的梦想和抱负。诱人的是，你很想说服自己，你会变得更肯

定，你的想法也会变得更纯粹，更与成功有关。不过，这显然是把马车牵到马的前面。致富的最快、最有把握的方法，就是从内往外。思想具有莫大的力量。使用你的想象力来创造梦想，巨大的转变就会随之而来。"

有一个迷茫的青年，来找一位成功学大师，希望对方可以给他一些指点。这个青年非常聪明，人也勤快，但他在事业上一直没有进展，为此他感到非常苦恼。

这位成功学大师帮助他分析了目前的就业形势以及人生的态度，然后对他说："告诉我，你喜欢哪一类的工作？"

"我也不太清楚，不过我觉得哪种工作我都可以胜任。"

"那么，你觉得自己的特长是什么呢？"

"我爱好音乐，对画画也感兴趣，另外对数字也很敏感。所以我不知道自己到底该选择哪一方面的工作，这就是我来找您的原因。"

成功学大师笑了笑，然后请他坐在自己身边，给他讲了一个故事：

从前有一个部落，部落里的人住在一个大沙漠的绿洲里，如果他们想从沙漠中走出，需要三昼夜的时间，但奇怪

的是从来没有一个人可以走出这个沙漠。后来，一个学者来到了这里，他感到很奇怪，因为这里离沙漠的边缘并不是很远，可这里为什么没有一个人能够走得出呢？为了弄个究竟，他从这个沙漠出发，一直往北走，结果三天就走了出来。后来他又叫了一个当地人，然后让这个当地人给他带路，但他们走了半天就是走不出这个沙漠。不过，这位学者也弄清了当地居民走不出沙漠的原因，原来他们根本就不认识北极星。

说完之后，成功学大师对这个青年说："首先，你要有一个明确的方向，然后就有了人生的指南针，这样就不会再迷茫了。"

青年听完之后顿时醒悟，回去之后，把自己的优势和劣势完全列了出来，然后又根据自身的特点，订了一个清晰的计划，果然没几年时间，他就成了一个在商场上叱咤风云的人物了。

把目标化整为零

在1984年，东京国际马拉松邀请赛上出人意料地杀出一匹"黑马"，名不见经传的日本选手山田本一夺得了世界冠军。当记者问他是凭借什么取得比赛的胜利时，讷言的山田只是说了这么一句话："凭智慧战胜对手！"众所周知，马拉松比赛靠的是体力和耐力的较量，当时许多人认为山田本一这样说不过是在故弄玄虚罢了。

两年后，在意大利国际马拉松邀请赛上，山田本一再次夺冠。当记者再次询问他成功经验的时候，他还是那句话："用智慧战胜对手！"这次大家虽然都认同了山田本一的实

力，但还是对他这句深奥的话感到十分的迷惑。

一直到10年之后，山田本一在他的自传中揭开了这个谜团，他这样写道："每次比赛前，我都会事先将比赛的线路仔细看一遍，并记下沿途比较醒目的标志，比如第一个标志是一个商店，第二个标志是一座红房子……这样一直到赛程终点。比赛开始后，我就以百米冲刺的速度奋力向第一个目标冲去，等到达第一个目标后，我又以同样的速度向第二个目标冲去……40多公里的赛程，被我分成这么几个小目标，而被我一一征服。"

从山田本一的成功经历，我们看出真正的成功来源于前进道路上的每一小步，不要幻想凭借好运就能一步登天。要把精力放在若干个短期目标上，你才能实现更长远的目标。坚持不懈，每天都要为实现目标而努力。

在生活中，却常常存在着这样的一些人，他们妄想自己能一步登天，一夜成名，或者一夜暴富。实际上，这样的几率实在少得可怜，甚至可以忽略不计。许多人做事之所以会半途而废，并不是因为目标难度过高，而是因为他自己认为目标太高太远，望而生畏，正是这种心理上的因素导致了失

败。如果我们像山田本一那样睿智，把40多公里的赛程分解成若干个短距离，逐一跨越它，那么你就会感到很轻松。目标具体化可以让你清楚当前该做什么，怎样才能做得更好。所以说，我们要实现自己的目标也要讲究策略，要善于化整为零，从大处着眼，从小处着手，从小目标开始逐步突破！

成功绝对不是一蹴而就的，我们只能挥洒自己的汗水，一步步地走向成功。其实，一天完成一点事情绝对不像事情的整个过程那么恐怖，因为把一个大的任务分割成若干细小的、易于消化的部分，就会使我们每天的行动都能收到实效，从而鼓起更大的干劲。

当你有了人生的大目标之后，你首先要做的就是把这个"大目标"细化成每天要完成的任务。否则，一个看起来很大的目标，就只能是一座海市蜃楼，只有把它逐步细化为人生的中短期奋斗目标，才使你每天的努力要比整个过程的奋斗容易得多。

当"人生教父"奥格·曼迪诺计划开始写一本约25万字的书稿时，他的心绪甚至感到烦躁不堪了，根本不能平静下来。后来他改变了策略，按照全书的章节结构，每天只要完成一个部分即可，按照这个计划，写作任务进行得顺畅多了。他

所做的只要去想下一个段落怎么写，而不是简简单单地下一千字该如何写，这样反而才思若醍醐灌顶，滔滔不绝了。

后来他又接了一件每天写一个广播剧本的差事，就这样一个个地积累起来，截至目前他已经写了有2000个剧本了。每当回想起这段经历，他总是说，如果在这之前签一张"创作2000个剧本"的合同，那他一定会被这个庞大的数目给吓倒，甚至会干脆推掉，但实际上只是在每天写一个这样的剧本，经过几年的积累真的有这么多了。

当然，生活中并不是每一个人都具有这样的远见，能定下自己的目标，并按照一定的计划不断朝这个方向努力的，但是明确的目标对于事业的成功确实起着至关重要的作用。无疑，目标明确之后，只有这样按部就班做下去，才是实现你最终目标的唯一聪明做法。

不要抱怨生活

美国作家海伦说："抱怨会使心灵黑暗，爱和愉悦则使人生明朗开阔。"一个总是在抱怨的人，他的内心一定是阴暗的，他们没有面对现实的勇气，即便是一个小小的困难，他们也不能勇于承担。抱怨也会使人们失去责任感，在其身上发生的所有对自己不利的事情，他们都不会积极地承担起责任，甚至还会用一些狡诈的手段来逃避责任。懦弱的心理使这些人变得极为脆弱，一个小小的困难对他们来说都是一次巨大的打击，丧失勇气的他们无法真诚地面对现实，唯一能做的只能是逃避和抱怨。

　　一个铁匠想打造出一把锋利的宝剑出来，于是把一根根长长的铁条插进了炭火中，等到烧得通红，然后取出来用铁锤不停地敲打。如此反复了不知多少次后，铁条变成了一把剑。可是他左看右看，觉得这把剑并不符合自己的要求，于是又把它放进了通红的炉火烧，然后拿出来继续敲打，他希望能把它打得再扁一点，成为一个种花的工具，谁知还是觉得不满意。就这样铁匠反复把铁条打成各种工具，结果全都失败了。最后一次，当他把烧得通红的铁条从炭火里取出来之后，茫茫然竟不知道该把它打造成什么工具好了。实在没有办法了，他随手把铁条插进了旁边的水桶中，在一阵嘶嘶声响后，铁匠说：“虽然这根铁条什么也没打造成，可至少我还能听听嘶嘶的声音。”

　　很多人在遭遇失败后，最先做的就是不停地抱怨，而不是从中吸取教训。这样的行为不但会使他们失去成长的机会，生活也会因此而变得枯燥和充满烦恼。相反，对于那些面对失败保持乐观的人而言，不但不会因此而到处抱怨，而且他们总是能在其中体验到乐趣。

　　对于一个乐观者而言，面对任何事情他们都不会去抱

怨，这也是那些伟大的成功者之所以能取得成功的主要原因之一。

在1888年的大选中，美国银行家莫尔当选副总统，在他执政期间，声誉卓著。当时，《纽约时报》有一位记者偶然得知这位总统曾经是一名小布匹商人，感到十分奇怪：从一个小布匹商人到副总统，为什么会发展得这么快？带着这些疑问，他访问了莫尔。

莫尔说："我做布匹生意时也很成功，可是，有一天我读了一本书，书中有句话深深地打动了我。这句话是这样写的：'我们在人生的道路上，如果敢于向高难度的工作挑战，便能够突破自己的人生局面。'这句话使我怦然心动，让我不由自主地想起前不久有位朋友邀请我共同接手一家濒临破产的银行的事情。因为金融业秩序混乱，自己又是一个外行人，再加上家人的极力反对，我当时便断然拒绝了朋友的邀请。但是，读到这一句话后，我的心里有种燃烧的感觉，犹豫了一下，便决定给朋友打一个电话，就这样，我走入了金融业。经过一番学习和了解，我和朋友一起从艰难中开始，渐渐干得有声有色，度过了经济萧条时期，让银行走

上了坦途，并不断壮大。之后，我又向政坛挑战，成为副总统，到达了人生辉煌的顶峰。"

莫尔取得的成功来自于他乐观的心理，面对自己的出身低微，他没有一丝的抱怨，面对自己微弱的资产，他也没有抱怨，他没有因为自己只是个小布匹者就停止了向往成功的步伐，而是选择了更高的目标，对未来不断发起挑战，朝着人生的巅峰不停地前进着。

成功的喜悦只有那些遇到困难永远不会抱怨的人才可以品尝得到。快乐的生活永远都是在没有抱怨的情况下才可以产生的。那些只知道抱怨的人，就像被蒙上了双眼一样，看不到眼前的无限风光，这样他们自然也就永远不懂得去享受生活中的美好，对于这些人而言，他们始终都摆脱不了那些困扰在他们身上的烦恼，焦躁的心情就像魔咒一样一直困扰着他们，幸福和快乐的阳光很难会照在这些人的身上，因此，他们注定将生活在阴暗当中。

保罗·迪克的"森林庄园"使每个路过那里的人都赞叹不已：葱郁的树木参天而立，各色花卉争香斗艳，鸟儿在林间快乐地歌唱。可有谁知道，这竟是从以前烧成废墟的老庄

园上重建起来的！

　　保罗·迪克从祖父那继承下来了"森林庄园"，在五年前，由于雷电引起了一场火灾，烧毁了整个庄园。面对无情的打击，保罗·迪克根本就没有勇气去面对现实，他心痛不已。他知道，要想重建庄园是要花费很大的精力的，最重要的是还需要很大一笔资金，而这比资金根本就没有办法凑到。保罗·迪克因此而茶饭不思，闭门不出，变得非常的憔悴。

　　他的祖母知道了这件事情以后，意味深长地对他说："孩子，庄园被烧了其实并不可怕，可怕的是自己因此而被毁掉。"

　　听完祖母的话后保罗·迪克一个人走出了静静的庄园，脑海里始终回响着祖母对他所说的话，对自己的人生开始重新思索。一次，他发现很多人排在一家商店的门口正在抢购些什么，他好奇地走上前去，原来这些人在抢购木炭。木炭！保罗·迪克的脑海里突然浮现出了一个好办法。

　　保罗·迪克雇用了几个烧炭工，他们决定用两个星期的时间将庄园里的那些烧焦的树木加工成木炭，然后送到集市上去出售。这一想法果然很有效，保罗·迪克很快就卖光了所有树木加工而成的木炭，还收获了一笔不小的资金。他用这笔资金购买了树苗后，重新开始精心打理祖父留给他的庄园，没过多久便有了现在绿树成荫的"森林庄园"。

当我们遇到困难的时候，与其抱怨自己的现身处境，倒不如好好分析一下原因，正确地面对现实，把握自己、充实自己。只有这样我们才能真正认识到自己的不足，从而找到弥补的方法，使自己脱离困境，走向成功。

乐观

乐观会给生命注入一份活力与生气，可以让我们摆脱苦闷与烦恼，让我们更加珍惜现在的生活，以更好的心态来面对自己的人生。

快乐是我们生命中的阳光和雨露，它让我们的生活更加多姿多彩；快乐是治疗我们心灵疾病的一剂良药，有了它我们将会更加健康。

以前，希腊有一个大政治家叫狄摩西尼。天生的不幸使他的齿唇上留有缺陷，说话含糊不清，难以与人沟通交流，这令他很苦恼。为了纠正自己的这个毛病，狄摩西尼找来一

块小鹅卵石含在嘴里练习说话。有时跑到海边，有时跑到山上，尽量放开喉咙背诵诗文，练习一口气念几个句子。长时间的练习，石子磨破了他的牙龈，每次都弄得满嘴是血。血染红了他嘴里的那块石头。但这些困难并没有使他放弃练习，一直练到口齿流利，能侃侃而谈为止。

我想狄摩西尼的故事之所以感人，是因为他在用意志与躯体抗争，用美好的愿望与不幸的缺陷抗争……其实，幸福和悲哀仅有一墙之隔，作为我们来说，总希望自己奔向幸福的一边，但生活是可以转化的，有时我们不可避免地走在了悲哀的路上，这时，我们的意识总会萌生出一些美好的愿望，我们不妨循着这条美丽的线索，去寻找自己的春天。但可能有自身的负面情绪和缺陷束缚着我们通往愿望的脚步。通常，我们总会在自己的内心较量一番。

而较量的结果大概只有这样两种：一种是行动伴着愿望一起走，一种是美好的愿望枯萎在束缚的泥潭里。

有两个姑娘，她们一个叫艾美，是美国人；另一个叫希茜，是英国人。她们聪明、美貌，但都有残疾。

艾美出生时两腿没有腓骨。一岁时，她的父母做出了充

满勇气但备受争议的决定：截去艾美的膝盖以下部位。艾美一直在父母怀抱和轮椅中生活。后来，她装上了假肢，凭着惊人的毅力，现在能跑，能跳舞和滑冰。她经常在女子学校和残疾人会议上演讲，还做模特，频频成为时装杂志的封面女郎。

与艾美不同的是，希茜并非天生残废。她曾参加英国《每日镜报》的"梦幻女郎"选美，一举夺冠。1990年她赴南斯拉夫旅游，决定侨居异国。当地内战期间，她帮助设立难民营，并用做模特赚来的钱设立希茜基金，帮助因战争致残的儿童和孤儿。1993年8月，在伦敦她不幸被一辆警车撞倒，造成肋骨断裂，还失去了左腿。但她没有被这一生活的不幸击垮。她很快就从痛苦中恢复过来，康复后她比以前更加积极地奔走于车臣、柬埔寨，像戴安娜王妃一样呼吁禁雷，为残疾人争取权益。

也许是一种缘分，希茜和艾美在一次会见国际著名假肢专家时相识。她们一见如故，情同姐妹。

虽然肢体不全，但她们都不觉得这是多么了不得的人生憾事，反而觉得这种奇特的人生体验，给了她们更加坚韧的

意志和生命力。她们现在使用着假肢，行动自如。只有在坐飞机经过海关检测，金属腿引发警报器铃声大作时，才会显出两位大美人的腿与众不同。

只要不掀开遮盖着膝盖的裙子，几乎没有人能看出两位美女套着假肢。她们常受到人们的赞叹："你的腿形长得真美，看这曲线，看这脚踝，看这脚趾涂得多鲜红！"

艾美说："我虽然截去双腿，但我和世界上任何女性没有什么不同。我爱打扮，希望自己更有女人味。"

这对姐妹几乎忘了自己是残疾人。她们没有工夫去自怨自艾，人生在她们眼里仍是那么美好，她们在人们眼中也是美好的。也有异性在追求她们，她们和别的肢体健全的姑娘一样，也有着自己的爱情。

当人生的不幸来临时，艾美与希茜用毅力和微笑去面对生活，同样也迎来了精彩的生活和人生。

世上没有相同的人生，这是上帝的杰作，他绝对不会出现自己重复的作品，而导致了我们每个人的人生经历是不同的。上帝对待每个人的命运也不总是一碗水端平，常常总会赋予很多人以各种坎坷和灾难。

　　但天无绝人之路，上帝为你关闭一扇窗的同时，也会为你开启另一扇窗。关键是我们不要在被已经关上的那扇窗前停留太久，我们的心中也不要死守一些陈旧的伤疤，我们不要说，生活如何如何残酷，如何如何不公，我们应该问一下自己：我找到了上帝为我们开启的另一扇窗吗？其实它就在我们的身边，我们可以通过它，然后高抬起自己的头，用一双智慧的眼睛，透过岁月的风尘寻觅到灿烂的繁星。

　　当我们处于人生的黑暗时，最好永远不要指望靠他人的同情和唏嘘来加以衬托自己的穷途末路，我们应该鼓起自己的力量，勇敢执着地去面对。否则，我们虽然得到了短暂的心理安慰，但最后的结果还是别人的鄙视和厌恶。所以，我们的心不要被烦忧和沮丧取代，因为如果因此而干涸了心泉，失去了生机，丧失了斗志，我们岂能成就辉煌？

　　所以，我们永远要保持一种乐观向上的心态，坦然地看待自己眼前所发生的一切，即使是四面楚歌，背水一战，我们也一定要期待着"柳暗花明"的那一天。这时，我们不妨苦中作乐，风雨中磨砺，找到生活的趣味，经过长久的忍耐和拼搏之后，我们最终迎来的将是鲜花和掌声，另外还有人们饱含敬意的目光。

第六章

绝不轻言放弃

绝不轻言放弃

莎士比亚说："千万人的失败，都失败在做事不彻底；往往做到离成功还差一步，便终止不前了。"

"永远，永远，永远不要放弃。"这是历史上最短的一次演讲，也是丘吉尔最脍炙人口的一次演讲。此次演讲只有短短的几分钟，然后他就用那种独特的风范开口说："永远，永远不要放弃！"接着又是长长的沉默。然后他又一次强调："永远，永远，永远不要放弃！"

时常听见有些人哀叹自己时运不济，无论任何事情都不能如愿。事实上，真正失败的原因是，他做任何一件事只要

一遇到挫折就半途而废。可是继续做下去的人，却因不断的努力，获得圆满的成功。

　　做任何事情只要半途而废，那之前所付出的辛苦也就白费了。唯有经得起风吹雨打及种种考验的人，才是最后的胜利者。因此，不到最后关头，决不轻言放弃，要一直不断地努力下去，以求取最后的胜利。

　　坚韧不拔是一种强大有力的品格，它几乎能克服任何不利。它永远使你能居于比你更聪明或更有才华的人之上的优越地位，因为无论智力还是技巧都包含在其中了。成功通常不是一蹴而就的，而是多次努力的结果。

　　只有意志力强的人才能坚持到底。我们知道，坚强的意志力成就了巴顿将军，他不仅仅是获得一个头衔，在美国的西点军校还竖起了他的一座雕像。他说："当我对战斗的决心和信心犹豫不决的时候，我会义无反顾地去选择战斗。"这正是他性格特征的写照。

　　尤利西斯·格兰特将军一开始是一个默默无闻的年轻人，既没有钱又没有号召力，既没有拥护者又没有很多朋友。然而，比起拿破仑长达20年的战斗生涯，他在6年的战争中经历过更多的战役，赢得了许多的胜利，取得过更多的战

功，获得过无数的荣誉。林肯总统评价他时这样说："他之所以伟大，在于他超常的冷静和钢铁般的意志。"

一个人如果有着坚强的意志力，就可以在危险时刻保持镇定自若，就不会在任何困难面前退缩，勇往直前是我们走向成功的唯一选择。

当帕利什尔这位年轻的领袖用鞭子抽打一位军官时，这个军官愤怒地拔出一把手枪，然而手枪却没打响。帕利什尔冷静地说："我要关你三天禁闭，因为你连自己的武器都没准备好。"

麦克阿瑟将军带领部队冲向圣胡安山顶时说："我必须像旋风一样奔跑，才能保持永远领先位置而不被别人超越。"

《北京人才市场报》曾报道过这样一件事：

一位大学毕业生到一家公司去面试，三天后，他得到了通知，说他的应聘没有被录取。这位毕业生由于承受不住这种打击，在绝望中想起了自杀。但是，接着他又得到了通知，说是没有被录取是由于计算机故障出了错误，他已经在录取人员范围了，正当他喜形于色的时候，他得到了该公司的电话通知，说他不能很好地面对挫折，必不能胜任今后的工作，如果他以后在工作中遭受打击就会自杀，公司就要承

担重大的责任，所以公司决定不能录用像他这样的人。

像这位毕业生一样，成功机会就在我们自己手中，却因为承受不了挫折，而让机会从自己的指缝间溜走了。没有勇气接受挫折的挑战会导致失去本已积累起的成功的筹码分量，而新的筹码我们又不能拿到，怎么能走向成功的顶峰呢？

没有一个公司愿意聘用意志力薄弱的人。如果遇到一点困难就失去恒心、失去理智，这样的人就是生活中的弱者。公司管理者聘用这样的员工无疑是给公司增加麻烦。所以说，我们准备做一个什么样的人呢？就要认识到坚持原则，总是生命中最亮丽的色彩。生命因为坚持更耐人寻味；人生也因为坚持，才能挺过风险；企业，也因为坚持，才没有走向终结。

所以，我们只有坚持，才会让生命更有意义；只有坚持，我们才能将自己置于一种充满信念的境地。一个从来没有体验过坚持的人永远也不会有丰满的世界，只有百折不挠坚持到底的心灵才能有面对内心、审视内心、观照自我的觉悟，才能经受精神的炼狱，达到更高的人生境界。

中国企业界风云人物史玉柱说："一个人一生只能做一个行业，而且要做这个行业中自己最擅长的那个领域。"成

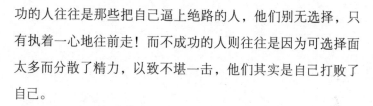

功的人往往是那些把自己逼上绝路的人，他们别无选择，只有执着一心地往前走！而不成功的人则往往是因为可选择面太多而分散了精力，以致不堪一击，他们其实是自己打败了自己。

　　做任何事情都是这样，你必须把心踏实下来然后专注于你所从事的目标，持之以恒地坚持下去。这样，你才可能成功，有时，甚至穷尽一生的精力才能换来成功的橄榄枝。

坚持

艾吉分析说："一个成功的人，无论是致力于获取财富，还是在某一领域里成为顶尖高手，和那些无法成功的人比起来，最根本的差别就在于，成功的人永不放弃，永不言败，他们永远都是能够坚持到最后的那一个。无论有多大的障碍和挫折来阻挠，他们都不会轻言放弃。他们很清楚自己的目标是什么，并且能够坚持达到为止。"

很多历史上获得成功的人都认为，坚持到底是他们获得成功的重要原因。试想，如果司马迁写《史记》没有坚持15年；司马光写《资治通鉴》没有坚持19年；达尔文写《物

种起源》没有坚持20年；李时珍写《本草纲目》没有坚持27年；马克思写《资本论》没有坚持40年；歌德写《浮士德》没有坚持60年，他们能够成功吗？想象一下，如果要你发明一种新的产品，你愿意尝试多少次失败的试验？一次？十次？一百次？

　　林肯一直梦想着要成为一个伟大的政治家。在他32岁那年，他破产了；35岁那年，他青梅竹马的女朋友去世了；36岁那年，他精神崩溃了。接下来的几年，他在竞选中连续失败。很多人都认为林肯应该放弃了，但是他却坚持了下来，结果走向了成功。

　　在我们的现实生活中，同样也有一些凭借坚持不懈的精神而取得成功的人。写到这里，我还是想起了张其金的成功也与坚持不懈有着巨大的关系。张其金经常挂在嘴边的话就是："只要我能够坚持不懈，没有什么困难能够难倒我，没有什么挫折能打败我。"他经常对身边的朋友说："坚持自己的梦想，这听起来好像带有一些虚伪的东西，但它的确是你走向成功的前奏，只要你坚持了，你就能感觉到坚持是成就辉煌的前奏，是高潮来临之前的宁静，是朝日喷薄欲出时的五彩光芒。这是非常壮美的坚持，它足以给人最强烈的心

灵震撼。如果我们在事业中也能具备这种精神，我们就能够走向成功。"

"绳锯木断，水滴石穿。"成功永远都属于那些可以坚持到底的人。

在一所小学里，一堂作文课上，老师要求每个人以自己的未来和梦想为主题写一篇文章。班里的28个孩子都写出了自己的梦想，有的说自己以后想当出色的飞行员，因为他在玩转盘游戏的时候头怎么转也不晕；有的说长大后要当一名海军军官，因为她游泳很棒……在这些孩子当中，有一个的梦想最引人注意，因为他是一个残疾人，可他的梦想居然是要做一个成功的赛车手，要开着自己的赛车夺得冠军。

转眼间20年过去了，孩子们当初的作文被老师一直收藏着，一天他无意间翻开那些作文突然萌生了一个想法，他想找到以前的那些学生，想把这本作文还给他们，看看有没有人实现了自己的梦想。老师便以自己的名义在报纸上刊登了一条广告。报纸登出去后没多久，很多人都给这位老师寄来了信件，表示很想找到自己小时候的梦想，老师便把他们的作文一一寄了过去。到最后只有一个人没有寄来想要领取作文的信，老师还以为他不会来领取了，毕竟20年已经过去了，而且他还记得那个孩子身上有残疾。可就在这个时候这位老师收到了一个著名赛车手的来信，他在信里说道："我非常感谢老师能为我收藏了这篇作文。从那时起我就坚定自己的梦想，通过不断的努力来实现自己的目标，20多年里我从来没有放弃过，而如今我的目标已经实现了，我成了一名很优秀的赛车手，取得了很多比赛的冠军……"

许多人在很早的时候便确立了自己想要追寻的目标，可往往能够实现的却没有几个。并不是因为他们能力的欠缺，往往是因为他们不能坚持到最后，遭遇一些坎坷或挫折的时候，他们选择了放弃。这不仅使以前所付出的努力通通都白费了，更为可悲的是，如果一个人一直以这样的方式去面对自己所做的事的话，那他永远都不能实现心中的任何一个目标。

成功学讲师陈安之曾这样说："不管做什么事，只要放弃了就没有成功的机会；不放弃，就会一直拥有成功的希望。"

美国石油大王哈默在1956年的时候，购买了西方石油公司。在那个年代，油源竞争非常的激烈，美国的产油区基本被大石油公司瓜分殆尽，哈默一时无从插手。1960年，他花

费了1000万美元勘探基金而毫无所获。这时，一位年轻的地质学家提出旧金山以东一片被德士古石油公司放弃的地区，可能蕴藏着丰富的天然气，并建议哈默公司把它买下来。哈默筹集资金，在被别人废弃的地方开始钻探。当时的很多人都认为，哈默的行为是愚蠢的，他不可能有所回报，那块地里根本就没有石油，否则德士古公司是不会放弃的。在种种的质疑中，哈默并没有放弃钻探，他始终坚信自己的选择是正确的。最终他成功了，他钻出了加州第二大天然气田，价值高达2亿美元。

坚持，就是将一种状态、一种心情、一种信念或是一种精神坚定而不动摇地、坚决而不犹豫地、坚韧而不妥协地、坚毅而不屈服地进行到底。在《世界上最伟大的推销员》一书中，作者曾在"坚持不懈，直到成功"部分写道："我不是为了失败才来到这个世界上，我的血管里也没有失败的血液在流动。我不是任人鞭打的羔羊，我是猛狮，不与羊群为伍。我不想听失意者的哭泣、抱怨者的牢骚，这是羊群中的瘟疫，我不能被它传染。失败者的屠宰场不是我命运的归宿。"

成功者永远不会因为任何因素的影响，便改变自己的念

头，更不会因此而失去自信。在他们眼里，坚持就是胜利，一切没有不可能，只要你能坚持去做。如果你拥有了自信，就等于拥有了成功，只要你肯付出努力，遇到再大的困难都能坚持下去，成功迟早会属于你。

明确目标 坚持到底

大发明家爱迪生说："我从来不做投机取巧的事情，我的发明没有一项是由于幸运之神的光顾。一旦我下定决心，知道我应该往哪个方向努力，我就会勇往直前，一遍遍地实验，直到产生最终的结果。"

没有伟大的梦想，就不会出现伟大的天才。只要你明确了自己的目标，认真地去完成它，坚持到底，永不放弃，相信每个人都会成功。

而在那些没有取得成功的人群里面也有个共同的问题，那就是他们很少认真衡量自己在完成目标时，取得了什么样

的进展。他们很多人都不懂得衡量自己的进展是非常重要的一件事，所以他们也不知道自己真正进步了多少。如果你的目标是具体的、清晰的，那么你就可以根据自己距离目标的远近来衡量目前取得的进步。

在一次长跑比赛当中，迈克一直处在一个领先的位置。在他跑过了一个山坡的时候，感觉到自己的身体有些不舒服，头有一些晕，看前面的东西好像都是模糊的，每一次抬起腿的时候都感觉浑身的力量已经耗尽了。原来他是中暑了，由于当天的天气非常的炎热，在跑到这个山坡的时候正是最接近太阳的地方，所以他的头才会出现有些昏迷的情况。他试图坚持跑下去，可他不知道还要多长时间才会跑到终点，他抬起头看看前方，眼睛还是有些模糊，虽然他感觉到已经快到终点了，可是他没有真正地看清胜利的目标，于是他选择了放弃。

在他得到了休息和治疗后，他慢慢地好了起来，这时他才发现，他离终点是那么的近，只要再坚持一会儿跑过两个弯道，就会取得胜利。其实以迈克的经验和实力，他是完全可以坚持完成剩下这一点距离的，而他没有跑到终点的真正

原因并不是他没有完成的能力，而是因为他当时没有清楚地看清目标，如果当时他的眼睛不是有些模糊，可以看清目标的话，他一定会坚持跑完剩下的距离的。

美国第30任总统柯立芝曾经写过这样一段话："世界上任何事情都取代不了坚持力。天赋不能，一个天赋很高的人，终其一生都默默无闻，是再正常不过的事情了；天才也不能，湮没无闻的天才比比皆是；只靠教育也不能，这个世界上随处可见受过高等教育的庸才。只有坚持和决心才是无往而不胜的！"

对于坚持，梭罗说："大多数男人引领着一种沉默而绝望的生活，只是由于他们没有坚持的毅力才获得了这样的回报。"如果我们对这句话持有异议的话，不妨看看我们过去的同学或者同事，他们曾经对自己设计过辉煌的未来，但又有多少人能实现他们的梦想？没有多少。随着他们人生道路的发展，恐怕他们早就忘了自己当年的梦想。他们喜欢平庸、喜欢得过且过、喜欢随大流，他们早就忘记了他们当年的豪言壮语。也许他们曾经为他们的梦想努力过，奋斗过，但他们最终都以失败告终。这是为什么呢？因为他们从来没有把他们心中的梦想放在第一位，他们也没有遇到挫折而勇

于面对，没有把他们的梦想坚持下去，他们活在自己的生活中，但在他们内心深处的某一角落，却藏着他们所渴望做，但难以实现的事。所以，我曾经对我的一位朋友说："在我们现在的生活中，我们千万不要过那种沉默而令人绝望的生活。我们要经常提醒自己，如果我失败了，我不会放弃努力。除非我迫不得已，我是不会放弃我的追求的，所以我有梦想。"

我在一本杂志上曾经看到有关品牌建设的报道。于是我在想，如果我能够拥有一家进行品牌推广的公司该多好，想到这里，我对自己的人生做了规划。我深刻地认识到，如果我要实现这个梦想，我必须拥有这方面的经验，我必须进入一家从事品牌推广的公司工作，如果我能够做到这一点，那么，我将会在这个行业领域游刃有余。正是我有了这样的想法，于是我进入了一家广告公司，这使我朝着我的拥有自己的公司的梦想迈出了第一步。在接下来的一年里，我一边为某某广告公司做着自己应该完成的工作，一边也在为组建自己的公司而准备着，不幸的是，尽管我自己的公司组建了，当时我们只有一个客户，虽然我没有任何做公司的经验，但我将为它尽我最大的努力，即使我实现不了我的梦想，至少

我已经努力了，我已经做了，我没有把自己停留在一个打工族上。

通过我和我的团队的不断努力，又过了一年之后，我的客户有所增加。随着公司业绩的不断上升，我又有了一个梦想，我认为只要我把企业坚持做下去，我就应该写一本书，属于我自己的书。

所以，梦想能在我们最困难的时候激励我们前进，但最重要的就是我们要坚持做下去，无论是遇到什么困难，只要我们敢于坚持，我们就会走向成功。比如这本书的出版，也正是由于我始终坚持不懈地写作，最终与读者见了面。

因此，我想对大家说，无论我们做什么事，只要我们有百折不挠的精神，我们就会成功，我们的成功，恰恰是告诉了我们坚持的价值。只要我们坚持，在没有路的时候，也能够踏出路径；在没有希望的地方也能够创造希望，让你无论如何，不会被困难打倒。

恒心

　　世上无难事，只怕有心人。这个有心，就是恒心，有了恒心，不轻言放弃，再难的事也能成功。没有恒心，遇到苦难就中途放弃，则一事无成，再容易的事也会成为困难的事。

　　很多人不明白要走多少步才能到达胜利的终点，也没有人清楚沿途会遇到多少挫折。但是，有雄心壮志的人不会因此就停步不前，因为这停步不前本身就是做事最大的潜在的危机。一个成功者不应该有"不可能""办不到""没办法""没希望"等想法。我们要避免自己有这样的念头。一旦出现这样的念头，就要立即用积极的信念战胜它们。

　　事实上，我们只要放眼未来，勇往直前，不理睬脚下的障碍，坚定必胜的信念，我们就能够在沙漠里找到绿洲。这就是有必胜的信念。有了这种信念，我们无论遇到什么困难，不管要做出多大的付出，我们都会勇往直前，直到成功。

　　在困难挫折面前，我们要用坚定的信念鼓励自己坚持下去。不把每一次失败看成是对自己的打击，而是当成又多了一次磨炼，获得一次成功的机会。"失败是成功之母"，每失败一次，再失败的机会就少了一次，成功的机会就增加了一次。我们要相信，挫折只不过是成功路上的弯路而已，成功往往就在拐过弯处，不要因为拐弯看不到前方就放弃，否则那将会成为人生的遗憾。

　　要做到坚持不懈，除了必胜的信念外，最为重要的就是毅力。毅力是成功之本，是一种韧劲的积累。毅力的表现往往是一个人在挫折中所展示的惊人力量。有了毅力，人们就不会向挫折和困难低头。

　　那么，怎样才能拥有恒心和毅力呢？有人总结以下几个方面，叫你必须在成功的道路上坚持到底。

　　（1）对眼前和今后事有都坚定的信心。只有对眼前和今后都坚定信心，才会不畏人生旅途中的困难、挫折和失败，

积极奋斗以克服困难，战胜失败；相反，如果信心不足，就会在困难、挫折和失败面前走回头路。因此要有毅力，一定要培养信心。

（2）对眼前的事有强烈的愿望。愿望是人们行动的出发点，一切活动都发源于愿望。弱小的愿望因为弱小，常被旅途中的风风雨雨吹灭，行动没有毅力；相反，任何风风雨雨都不能使强烈的愿望熄灭，除非生命停止。"舍得一身剐，敢把皇帝拉下马"，"生命不息，冲锋不止"，这些都是强烈的愿望。

可见，只有愿望强烈，才能拥有顽强的毅力。要活得有价值，就必须有强烈的成功愿望；要成为富翁，就必须有强烈的发财愿望。只有这样，我们才会有强大的毅力，无论前途多么曲折艰险，都要义无反顾地坚持下去。

（3）眼下有明确的目标。眼下有了明确的目标，我们的行动才有方向；有了明确的目标，我们才会被它的吸引力牵引着不断向前迈进。

很多人虽然有成功的梦想，但由于没有将这种梦想用明确的目标体现出来，因此行动很茫然，精力不能集中在一个点上，常常东一榔头西一棒槌的，行动的效率很低，天长

日久不见成效或效果不明显，就容易灰心泄气，不再坚持下去。明确眼下具体的目标使我们知道该做什么，该怎么样做，而且容易看到积极行动的效果，预见美好的未来。因此，能够坚持不懈地做下去。

另外，目标价值的大小也影响毅力的强弱。如果目标价值不大，或者根本就没有价值，人们就没有多少兴趣、热情去做。因此，目标价值不大，就很难有毅力。所以，在行动之前，我们要先确认目标价值大小，选择价值大、有长远价值的事情做。这样，我们才能充满热情、充满希望地干下去，才有强大的毅力，恒心就是这样练就的。

（4）眼下有明确的计划。有了明确有价值的目标，并对目标进行分解，将要干的事具体到今天、明天、下一周、下个月、下个季度……只有这样，我们才能按照计划行动，目标才有意义。否则，对于一个笼统的目标，我们的脑子将会茫然一片，无处下手。有了具体的计划，我们就知道先干什么，后干什么，在什么时间干什么。一切心中有数，才会心里不慌，行动才有效率，对所干的事情才有信心、有毅力。

（5）有积极心态。计划做出来了，但要积极行动，才能将梦想变成现实，否则只惊叹于梦想的美好，惊叹于计划的完美，那么梦想只能成为虚无缥缈的幻想，计划只能是一张废纸而已。这就好比登山，如果你被山的挺拔险峻吓倒，停步不前，你就不能领略山顶的风光，更不能体会"一览众山小"的感觉。登山，你唯一要做的就是选择好登山路径之后，就立即行动，一步一步地去缩短与山顶的距离。走一步，增加一分信心，产生一分毅力。

总之，恒心是很多因素共同作用的结果，包括愿望、信心、目标、计划、行动等，将这些环节处理好了，我们就会拥有顽强的毅力。

"有志者，事竟成。破釜沉舟，百二秦关终属楚。苦心人，天不负，卧薪尝胆，三千越甲可吞吴"。我们每个人都有自己的梦想，都想成就一番事业，而这里边一个很重要的因素就是要有恒心，持之以恒方能达到最终目的，想那些成功人士的背后总会有一个恒字的。恒心是一种精神，一种态度，更是一条道路。这就要求我们做事要有恒心，要去克服困难，有一种做不到决不罢休的韧性。难成大事的人，常常缺少坐冷板凳的耐心，这是成大事业的人与平庸的人的区别。

坚忍不拔

天下最难的不过十分之一，能做成的有十分之九。要想成就大事大业的人，尤其要有恒心来成就它，要以坚忍不拔的毅力、百折不挠的精神、排除纷繁复杂的耐性、坚贞不屈的气质，作为涵养恒心的要素。

有一位富翁一直为儿子苦恼，因为自己的儿子已十五六岁了，却一点男子汉气概都没有。想想自己当年驰骋商场的样子，再看看眼前的儿子，这让他非常难过。他来到一个训练馆，要求教练把儿子训练成一个真正的男子汉。教练同意了，但是让他给自己三个月的时间，而且在这三个月内他不

许来看自己的儿子。富翁点头答应了。

三个月后，这个富翁又来到了这个训练馆，想看一看自己的儿子现在是不是有进步。教练安排富翁的儿子和一个拳击高手进行比赛。拳击高手出手凶狠，富翁的儿子一次又一次地被击倒在地，但每一次，他都勇敢地爬了起来，再次迎接对方的挑战。就这样，倒下去，再站起来，再倒下去，再站起来……来来回回十多次，但他却从来没有服输。

这时，教练问富翁："你满意了吗？"富翁眼含热泪点了点头，因为他知道，这种倒下去又站起来的勇气和毅力，就是他希望儿子所具有的男子汉气概。

一个人，就要具有跌倒了再站起来的勇气，那是面对挫折所应具有的勇气。只有从失败中不断地走出来，才能变得越来越成熟。

约翰生于西西里岛，在他13岁的时候，由于生活窘迫，父母只好带他来到美国，希望在这儿能找到好运。

约翰读过几年书，特别是来到美国之后，这里优越的教育环境让他学到了不少知识。在他读完高中以后，便离开学校自己独立生活了。他的第一份工作是在裁缝店里帮忙。当

时工作很辛苦，薪水也比较低，但是他却干得很卖力。老板见这个小伙子人机灵又能干，便把手艺全部传授给他，让他独当一面。由于他服务态度好，手艺又出众，为店里带来不少顾客，有的人专门从很远的地方跑来找他做衣服。

又过了几年，他用所有积蓄还有从父母那里筹到的一些钱开了一家很小的店铺。由于以前的一些老顾客主动上门，再加上自己没日没夜地干，生意很快就好了起来，全家人的生活也因为这个小小的店铺而稍稍有了点起色。但是正当约翰高兴之时，一场灾难降临了。那一天，隔壁的孩子放鞭炮，一不小心引燃了附近的一堆柴草，结果火一下就着了上来，最后连房子也引燃了。当人们赶来扑救时火势已经控制不住了。火势越来越大，其他的几所房子也引燃了，约翰的店铺自然也难逃劫难。由于他的店铺都是易燃品，所以一下烧了个精光。辛辛苦苦的努力一下付之东流，他又变得一贫如洗。为了生存，他只好又去别人的裁缝店打工。日子依旧很清苦，全家人也只能依靠他那点可怜的工资，因为他把所有的积蓄都投在店铺里了。

　　过了一段时间，他在积攒了一些钱之后，又打算开一个自己的店铺了。他找到了几个合伙人，一起租下了一个店面。这次他开的是礼服店，专门给别人定制礼服，有时还从外面买进一些很高档的产品。那几个合伙人负责跑市场，而店里的事完全交由他来打理。开始起步的确很难，他们不停地寻找市场，寻找货源，还要不停地做宣传，每天都要工作到很晚。慢慢地，生意有了起色。但是，一个晚上，小偷偷走了他店内价值几万元的礼服。其他几个合伙人都埋怨约翰的疏忽，几个人还为此吵了一架，一怒之下他们撤了资。

　　约翰现在又一无所有了。因为当时他只负责管理，其他的资金几乎都是合伙人出的，没有办法，他只好再次给别人打工，一切从头开始。

　　等他的生活稍稍有点起色之后，想开店的念头又在他的头脑里蠢蠢欲动了。这下他找到了几个弟弟，和他们一起联手干。他们卖掉了家里所有值钱的东西，然后又找亲戚借了一点钱，开了一间礼服店，为了衣服的式样能够与众不同，他们往往要跑好多地方去挑选货物。后来约翰想到自己还可

以替别人做衣服，因为以前他做的衣服别人都很喜欢，而且这样还可以很快地赚到一些钱，然后再拿去进一些高档的礼服，这个办法果然起到作用。后来，他又研究如何设计，如何制作。店里的生意越来越好，他不得不加雇了人手。后来他又开分店，让几个弟弟分别去管理，并统一管理方式。他的生意越做越大，逐渐成为这个行业里的翘楚。

当别人问他有何感想时，他只是说："我只知道，从哪里跌倒了，就从哪里站起来，而且要自己站起来，这是追求独立自主的唯一方法，至少对我来说是如此。"

面对失败，应该从中吸取教训。其实每失败一次，就是向成功迈近了一步。失败是通向成功的台阶，一个害怕失败的人是无法成功的。跌倒了，再爬起来，拍掉身上的灰尘，收拾好心情，继续上路。不仅在事业上，在生活中也是如此，这也是我们面对生活所应采取的态度。

坚持

当我们翻开那些成功人士的个人自传时，我们就能看到他们之所以能够攀登事业的高峰，与他们身上所具备的责任感、强烈的进取心、百折不挠的毅力、锲而不舍的精神，以及难以动摇的自信心是分不开的。这正好说明了，一个人不管他的天赋和受教育程度有多高，能力有多大，他在自己所取得的事业上的成就总不会高过他的自信。这就是说，一个人如果你认为能，你就可能成功；如果你认为你不能，那么你就根本不可能成功。

在安东尼13岁的时候，他就立志要当一位体育记者。正

因为他有了这个梦想，所以他非常关心这方面的报道。有一天，他从报纸上看到胡华·柯塞尔要到一家百货公司签名售书，他认为自己的机会来了。在他看来，要想成为一名体育记者，你就必须想方设法地去访问那些著名的顶尖专家。在安东尼有了这个主意后，他就借了录音机去采访。当他到达现场的时候，柯塞尔正起身准备离去，见此情景，安东尼有点儿慌，尤其是看到许多记者都在围着柯塞尔提问最后一个问题，他更感到不知所措。不过，安东尼很快就使自己恐慌的心安静了下来，他钻进人群，挤到柯塞尔面前，用连珠炮的速度说明来意，并问柯塞尔能否接受单独的采访。出人意料的是，柯塞尔接受了。

正是这次采访，改变了安东尼的看法，使他相信凡事皆有可能，没有人不能接近，只要敢开口便能得到。所以说，只要我们把成功寓于必胜的信念中，我们就能把不可能的事情变成可能。如果一个人对人生或对一件事没有信心，就会意志消极，行动也不会得力，遇到困难或挫折就十分容易让步或退却，那当然就更谈不上成功了。

　　现实告诉我们，那些著名的成功人士获得成功的主要原因，就是他们绝不因为失败而放弃。小说《哈利·波特》的作者为了出版这本小说，她跑了许多家出版社。但是，由于这类书稿在当时史无前例，所以很多出版社都不肯出版，她不知道跑了多少家出版社，但得到的结果都差不多。当她打算放弃的时候，一种不放弃的信念让她坚持下去，以至最终她的愿望得到了实现。

　　长跑运动员海尔·格布雷西拉西耶出生在埃塞俄比亚阿鲁西高原上的一个小村里。在他小的时候，每天在腋下夹着课本，赤脚上学和回家，他家离学校足足有10公里远的路程。贫穷的家境使海尔·格布雷西拉西耶不可能有坐车上学的奢望，为了上课不迟到，他只能选择跑步上学。每天海尔·格布雷西拉西耶都一路奔跑，与他相伴的除了清晨凉凉的朝露和高原绚丽的晚霞，还有耳旁呼啸而过的风声。

　　许多年后，海尔·格布雷西拉西耶先后15次打破世界纪录，成为当今世界上最优秀的长跑运动员。由于早年经常夹着书本跑步，以至他在后来的比赛中，一只胳膊总要比另一只抬得要稍高一些，而且更贴近身体，这时的他依然保留着

少年时夹着课本跑步的姿势。

　　我们许多人都在想，如果海尔·格布雷西拉西耶并不贫穷，那他会不会成为今天的世界冠军。当海尔·格布雷西拉西耶回顾自己那段少年时光时，他不无感慨地说："我要感谢贫穷。其他孩子的父亲有车，可以接送他们去学校、电影院或朋友家。而我因为贫穷，跑步上学是我唯一的选择，但我喜欢跑步的感觉，因为那是一种幸福。"

　　是的，我们谁都不希望贫穷，我们谁都希望过上幸福的生活，可当我们别无选择地遭遇贫穷时，我们要学会把握贫穷给予我们的力量，就像格布雷西拉西耶，因为别无选择而跑步上学。所以说，不要放弃。

　　我们一直在思考：那些成功者为什么在经历重大挫折之后还能够站起来？为什么他们身处险境却不畏缩？为什么一筹莫展之时他们也要想尽办法，努力奋斗？为什么他们面对威胁还能初衷不改？

　　有句话说得很有道理，今天的苦难就是明日的辉煌，只要你愿意努力，总会有所成就。人生的机遇，是通过自己的奋斗争取来的。一个创业者在起步阶段，需要从最简单的工作做起，甚至当搬运工！

　　天底下没有不劳而获的果实，如果能战胜种种挫折与失败，绝不轻言放弃，那么，你一定可以获取成功。不管做什么事，只要相信自己能够成功就有成功的机会，哪怕这件事充满了困难与挑战，但如果你能坚持做下去，最终一定能收获令自己满意的结果。